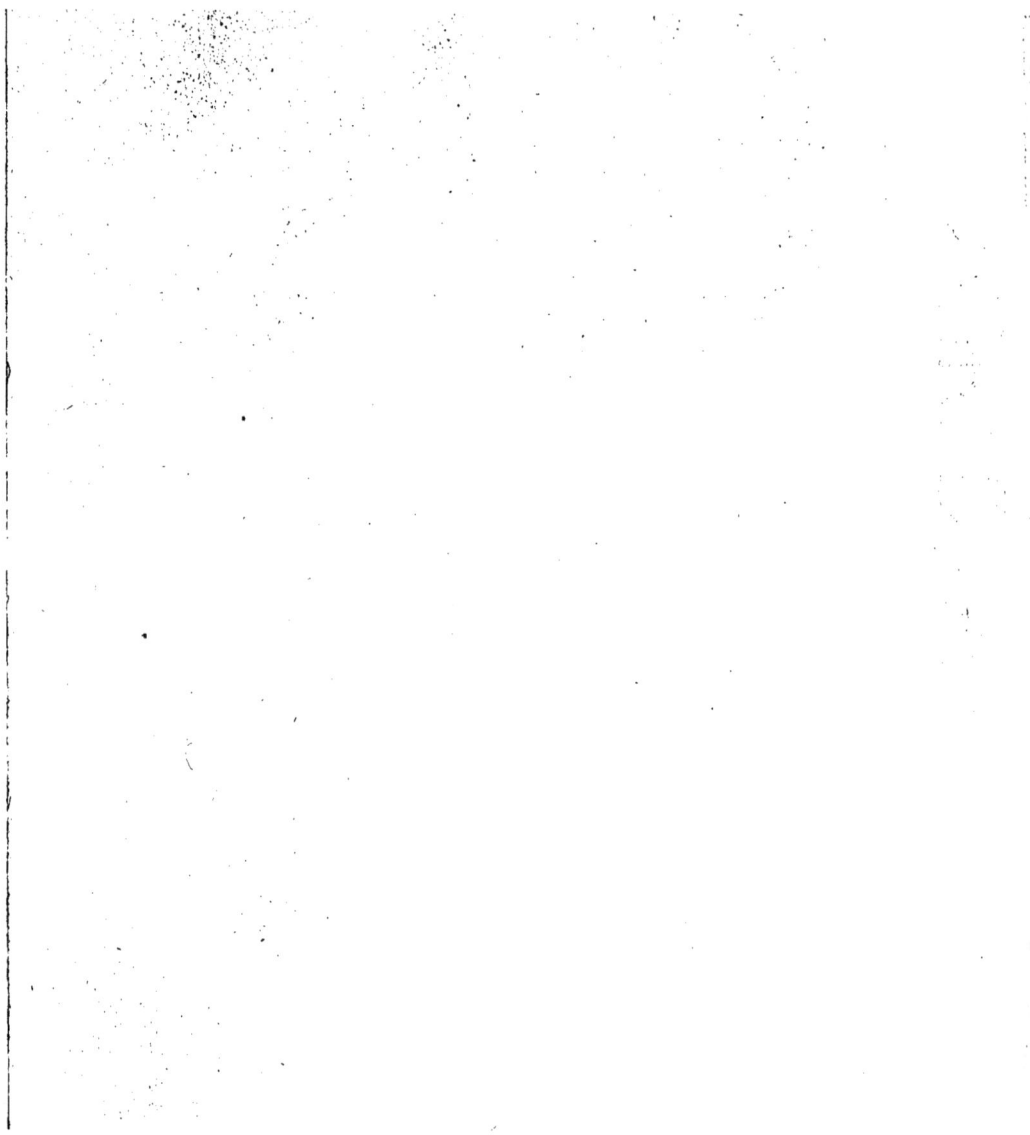

CANAL LATÉRAL
à la Garonne.

NOTES A CONSULTER

pour la discussion de la nouvelle loi.

CHAPITRE PREMIER.

IRRÉGULARITÉS, ERREURS, CONTRADICTIONS, ILLÉGALITÉS QUI ONT PRÉCÉDÉ LA PRÉSENTATION DU PREMIER PROJET DE LOI SUR LE CANAL LATÉRAL A LA GARONNE.

Ce projet de loi fut présenté le 8 avril 1832 à la Chambre des députés.

Au lieu de nommer, suivant l'usage, une commission spéciale pour en faire le rapport, il fut renvoyé à une commission déjà existante, chargée d'examiner divers projets de loi d'intérêt local, et, le lendemain, 9 avril, cette commission fit le rapport suivant :

« M. Alexandre Doin offre d'exécuter à ses frais, risques et » périls, un canal latéral à la Garonne, de Toulouse à Castets, » *au dessous* de Bordeaux.

» C'est une entreprise utile au pays, qui ne compromet en rien

§ 1er.
Première erreur dans le rapport fait à la chambre des députés.

1

» les intérêts de l'Etat, et qui aura l'avantage de fournir le com-
» plément du *canal de Toulouse.*

» C'est vous dire que la commission vous propose l'adoption du
» projet de loi (1). »

Il y a une erreur dans ce rapport : on a mis *au dessous* de Bordeaux : c'est *au dessus* qu'il aurait fallu dire.

La loi fut discutée et adoptée le 11 avril.

Présentée le 16 du même mois à la Chambre des pairs, elle fut
adoptée le 19, le jour même que le rapport en fut fait.

Ce rapport renferme une erreur des plus graves.

§ 2.
Autre erreur du rapport
fait à la chambre des pairs.

« Déjà, dit le très honorable rapporteur, Vauban avait proposé
» de prolonger le canal de Languedoc jusqu'au Tarn, et même
» jusqu'à La Réole. Ce que Vauban avait proposé, M. Doin promet
» de l'exécuter à ses frais, risques et périls. Le prolongement du
» canal du midi, dont il demande la concession, longerait la rive
» droite de la Garonne jusqu'à Agen, où il passerait le fleuve,
» pour longer ensuite la rive gauche jusqu'à Castets, *où commen-*
» *cent en lit de rivière* l'influence de la marée et un tirant d'eau
» suffisant. »

Il n'y a à Castets ni *tirant d'eau suffisant, ni marées.*

En voici la preuve, et cette preuve est tirée des premiers, des
plus importans, des plus authentiques de tous les documens offi-
ciels ; elle est tirée des rapports faits par M. Cavenne, inspecteur
divisionnaire des ponts-et-chaussées, au conseil général de cette
administration, sur les projets de M. de Baudre, ingénieur en chef,
directeur des ponts-et-chaussées (2).

(1) *Moniteur* du 10 avril 1832.

(2) Extrait des *Annales des ponts-et-chaussées*, année 1832.

§ 3.
Contradictions entre les
rapports de M. Cavenne.

Texte. — Assertion, pag. 35.

« Il faut de plus remarquer qu'à
» compter de Langon ou de Castets (qui
» est 8,000 mètres au dessus de Lan-
» gon), on trouvera jusqu'à Bordeaux,
» après l'exécution des travaux *sur cinq*
» *passages aujourd'hui difficiles*, une
» profondeur d'eau *de deux mètres à*
» *la marée la plus basse*. Le projet
» d'amélioration dont il s'agit est du
» reste évalué à 3,545,000 fr. »

Texte. — Contradiction, pag. 71.

« L'ingénieur en chef de Lot-et-Ga-
» ronne s'est évidemment trompé quand
» il a dit que le mouillage de la Garonne
» dans ce département pourrait être
» porté à 2ᵐ,00, et que les barques du
» Canal du Midi pourraient y naviguer
» pendant les basses eaux. Le mouillage
» de 2ᵐ,00 ne peut être effectivement
» obtenu *qu'à compter des environs de*
» *Langon où l'influence de la marée*
» *commence à se faire sentir*, et où la
» pente de la rivière devient beaucoup
» plus faible. »

Ici la contradiction est évidente, car si le mouillage de 2ᵐ,00
ne peut être effectivement obtenu qu'à compter des environs de
Langon où la marée *commence* à se faire sentir, elle ne peut donner
une profondeur d'eau de 2 mètres à Castets, où elle *n'arrive pas*,
et qui est situé à 8,000 mètres au dessus de Langon.

M. Cavenne, après s'être démenti lui-même, se trompe encore
lorsqu'il prétend que le mouillage de 2 mètres pourrait être obtenu à Langon à l'aide de la marée. Ce mouillage, sur la passe
qu'on appelle *gravier de Langon*, n'est que de 20 pouces aux basses
marées, de 3 pieds aux marées ordinaires, et de 4 pieds 1/2 aux
grandes marées. Il est donc démontré, par le témoignage de
M. Cavenne, que ce n'est pas à Castets que commence l'influence
des marées, ainsi que l'affirme l'auteur du Mémoire sur le canal
latéral à la Garonne, erreur qui a été répétée à la tribune des
deux Chambres et qui a déterminé le vote de la loi.

§ 4.
Autre erreur sur le
mouillage de Langon.

Quant aux *cinq passages aujourd'hui difficiles*, dont l'existence est
avouée, ce sont des gués ou seuils naturels auxquels sont dues les

plus grandes profondeurs qu'on trouve en amont. Si l'on abaissait ces seuils, on détruirait l'effet qu'ils produisent, et après d'immenses travaux et d'énormes dépenses, on n'obtiendrait d'autre résultat que d'avoir partout une profondeur insuffisante avec une grande vitesse d'eau. C'est pour cette raison sans doute que, sur le témoignage du savant et illustre Cuvier, le conseil général des ponts-et-chaussées a déclaré que, « *le creusement du lit de la Garonne, de* » *manière à rendre ce fleuve navigable pour les bateaux du canal de* » *Languedoc, était une chose impossible* (1). »

Il est évident, pour tous ceux qui ont lu le rapport de M. Cavenne sur le canal latéral à la Garonne, que la navigation de ce canal finit à Castets, et qu'à partir de ce point aucun plan n'est encore arrêté pour la pousser jusqu'à Bordeaux, soit en lit de rivière, soit par une dérivation latérale. —Cette dérivation est-elle praticable? — On en jugera par l'exposé du rapporteur. C'est toujours M. Cavenne qui parle.

« M. de Baudre dit dans son Mémoire (2) qu'il a eu l'intention de » passer en souterrain à Castets, et de prolonger ensuite son canal » jusqu'à Langon, qui est à 7,000 mètres plus bas; mais il paraît » qu'il a renoncé à ce prolongement, 1° parce qu'il faudrait, de-» puis Castets jusqu'à Bariate, ou s'établir sur les revers d'un mau-» vais coteau, **ou** placer le canal à son pied sur de forts remblais; » 2° parce qu'en sortant du petit seuil de Bariate, on ne pourrait » entrer en rivière à l'amont de Langon qu'en traversant 400 mè-» tres de terrains submersibles, à travers lesquels il serait impru-» dent de faire une levée; 3° parce qu'on se trouverait alors obligé » de se développer autour de Langon en coupant trois routes » royales et autant de chemins vicinaux, et en payant en outre des » indemnités énormes; 4° enfin, parce qu'il est possible d'avoir

(1) *Moniteur* du 21 avril 1832.
(2) Page 22 du rapport.

» dans la Garonne un mouillage de 2 mètres, depuis Bordeaux
» jusqu'à Castets, et qu'il semble inutile de faire une dépense d'en-
» viron *cinq millions*, pour prolonger le canal jusqu'à Langon. »

Les difficultés dont parle M. Cavenne, et qui ont déterminé
M. de Baudre à s'arrêter à Castets, existent encore dans toute
leur force : elles paraissent insurmontables, surtout au milieu du
champ des inondations qui, dans les crues, s'élèvent au delà de
42 pieds de hauteur, ainsi que le prouve l'échelle métrique ados-
sée à une maison qui se trouve sur le quai de Langon; et la pétition
des habitans de cette ville qui, suivant le rapport de M. Teste (1),
A POUR BUT DE FAIRE TRANSFÉRER LE DÉBOUCHÉ DU CANAL DANS LA GA-
RONNE A LANGON, démontre évidemment que l'administration n'a
aucun plan fixe et arrêté sur les moyens ou la possibilité de continuer la navigation au delà de Castets.

Bien plus, l'exposé des motifs du quatrième projet de loi sur le
canal latéral à la Garonne, présenté le 15 février dernier à l'adoption de la Chambre des députés, confirme tous les doutes qui
existent sur cette matière. Car, comment traduire ce passage :
« On a objecté qu'entre Castets et Langon les bateaux ne trouve-
» raient pas dans le lit de la Garonne le tirant d'eau dont ils ont
» besoin. Sans doute, en l'état du fleuve, ce tirant d'eau n'existe
» pas aujourd'hui; mais on a entrepris des travaux qu'il faut exé-
» cuter dans tous les cas, et dont il est convenable d'attendre les
» effets. Si (ce que nous ne croyons pas) nos espérances étaient
» trompées, il serait toujours temps de pousser le canal jusqu'à
» Langon. »

On poussera donc le canal jusqu'à Langon pour éviter la passe
du gravier de Mondiet, qui se trouve à une petite distance en aval
de Castets, et ces travaux occasionneront, d'après M. Cavenne,
une dépense d'environ *cinq millions*. On vient de voir les difficul-

§ 6.
Doutes sur le résultat
des travaux entrepris pour
détruire ou améliorer un
des passages difficiles.

(1) *Moniteur* du 20 mai 1837.

tés qui existent entre Castets et Langon. Mais, sera-t-on plus avancé quand on aura poussé le canal jusqu'à Langon, puisqu'on y trouvera encore un autre de ces passages difficiles sur lequel il n'y a que *vingt* pouces d'eau aux basses marées, TROIS PIEDS aux marées ordinaires, et QUATRE PIEDS ET DEMI dans les grandes marées, ainsi qu'on l'a déjà dit et que le prouve le tableau suivant, dont l'exactitude est attestée par toutes les autorités locales.

Extrait des renseignemens sur la navigation de la Garonne, de Bordeaux à Castets.

DÉSIGNATION DES PASSES.		Hauteur des eaux.	LARGEUR DU CHENAL.
Passe de Pitres	à marées basses.	3 pieds au plus.	Le gravier formant cette passe s'étend sur toute la largeur de la rivière. Le chenal peut avoir de 20 à 25 pieds de largeur.
	— hautes.	12 pieds.	
	— moyennes.	9 pieds.	
— des Merles.	à marées basses.	30 pouces.	16 pieds de largeur au plus étroit, et environ un 5ᵉ de lieue de long, en décrivant un V. Gravier des deux côtés, mêlé de sable.
	— hautes.	9 pieds.	
	— moyennes.	6 pieds.	
— Guirande.	à marées basses.	26 pouces.	Formée de gravier dans toute la largeur de la rivière. Le chenal a 25 pieds de large.
	— hautes.	7 pieds 1/2.	
	— moyennes.	4 pieds 1/2.	
— Iles de Preignac.	à marées basses.	24 pouces.	Plus étroit.
	— hautes.	6 pieds.	
	— moyennes.	3 pieds 1/2.	
— Gravier de Langon.	à marées basses.	20 pouces.	30 pieds environ de large. Gravier des deux côtés.
	— hautes.	4 pieds 1/2.	
	— moyennes.	3 pieds.	
— Gravier de Mondiet.	Eaux basses.		La marée ne montant pas jusqu'ici, ce sont les moyennes, hautes et basses eaux qui doivent être déterminées. Ce sont seulement les eaux pluviales qui augmentent la profondeur de la rivière. Le chenal est étroit.
	— hautes sans débordement.	18 pouces. 6 à 8 pieds.	
	moyennes.	5 à 6 pieds.	

§ 7.
Tentatives inutiles pour détruire les passages difficiles qui obstruent la navigation des rivières.

Et les autres *passages difficiles!* Comment les franchira-t-on? L'expérience malheureuse des travaux exécutés dernièrement sur la Loire à Chouzé, pour détruire ce genre d'obstacles, et dont M. Beaude-Moulin, ingénieur des ponts-et-chaussées, a rendu compte au directeur-général de cette administration; les essais plus malheureux encore qui ont été tentés sur d'autres points de la Loire (1); ceux qui, en d'autres temps, furent entrepris sur le Pô, sur l'Adige, en Hollande, le long des bouches du Rhin et de la Meuse (2); en Angleterre sur la Tamise, la Mersey, l'Irwel, l'Avon et la Calder (3), ne permettent pas d'espérer qu'on soit plus heureux sur les rives de la Garonne.

S'il existait un moyen de détruire ces gués, ces *passages diffi-ciles*, depuis le temps qu'on le cherche, depuis le temps qu'on y travaille, on l'aurait trouvé sans doute, soit en France, soit dans l'étranger. On espère, dit-on : depuis tant de siècles qu'on espère, et d'après les tentatives infructueuses qu'on vient récemment de faire sur la Loire, il est bien permis de désespérer.

Mais les études du canal existent-elles réellement? Les a-t-on faites sur le terrain? — Il est permis d'en douter, puisqu'il n'y a pas eu de sondes, quoique l'ordonnance qui a autorisé ces études les ait formellement exigées.

(1) *Journal du Commerce* du 26 octobre 1836.

« On a voulu, contre l'avis de toute la marine, tenter des essais de barrages » dans le lit de la rivière, sous prétexte d'améliorer le passage du Perron, et on « l'a rendu impraticable au point qu'une vidange (bateau vide) n'a pu passer. » L'auteur de ce chef d'œuvre, qui a coûté plus de 30 mille francs, en est réduit » aujourd'hui à attendre la baisse des eaux pour démolir promptement ses ingé-» nieux travaux.

« Un autre travail entre Saint-Just et Andrieux n'a pas eu un meilleur succès. Un » bateau qui a voulu essayer ce passage a échoué, et pas un bateau n'a plus été » détaché du port. On a dépensé 40 à 50,000 fr. en cet endroit *pour creuser un* » *nouveau lit* à la rivière qui était parfaitement bonne.

« Le commerce n'a cessé de se récrier contre ces travaux, et, à cet effet, une » pétition, revêtue de plus de 800 signatures, avait été adressée à l'autorité. »

(2) Huerne de Pommeuse. *Canaux navigables* : supplément, page 5.

(3) *Navigation intérieure de la France*, par Cordier, ingénieur des ponts-et-chaussées, page 164.

Texte du rapport de M. Cavenne,
p. 23.

Annuaire des ponts-et chaussées
de 1829, page 211.

« Il est important pour apprécier plus
» tard les moyens d'alimentation du ca-
» nal, d'avoir des renseignemens sur la
» nature du terrain qu'il doit traverser.
» M. de Baudre *ne produit pas de son-*
» *des*; mais il annonce que les vallées et
» les coteaux présentent des indices qui
» ne doivent pas laisser d'inquiétudes et
» qui sont plus certains que des sondes
» toujours isolées. »

« Ordonnance du Roi autorisant
» M. Magendie, capitaine de vaisseau en
» retraite, de faire procéder à ses frais
» aux levées de plans, nivellemens, son-
» des, et autres opérations nécessaires
» à la rédaction des projets de perfec-
» tionnement de la navigation de la Ga-
» ronne depuis Toulouse jusqu'aux envi-
» rons de Bordeaux, soit par des travaux
» en lit de rivière, soit par l'établisse-
» ment d'un canal latéral. »

Toutes les ordonnances exigent la présentation des sondes. On
en trouve deux dans le même Annuaire qui autorisent le sieur Doin
à faire les opérations nécessaires à la rédaction d'un projet de canal de jonction de l'Yonne au canal de Briare, et au perfectionnement de la navigation de l'Yonne, depuis Auxerre jusqu'à Monte-
reau, dans lesquelles il est dit aussi qu'il fera procéder à ses frais,
risques et périls, aux levées de plans, nivellemens, sondes, etc.

Ainsi, les raisons que donne M. Cavenne sont logiquement inad-
missibles, et n'ont pu être tolérées que par une infraction maté-
rielle au texte des ordonnances que l'on vient de citer. Elles ne sont
fondées d'ailleurs que sur des conjectures que tout le monde peut
faire valoir avec la même autorité que M. de Baudre, pour éluder
les dispositions légales qui désignent les sondes comme une des
opérations nécessaires à la rédaction des projets dont les études
sont autorisées par le gouvernement. Elles n'eussent jamais été
admises ni par la commission des canaux, ni par le conseil-général
des ponts-et-chaussées, tels qu'ils étaient constitués avant les ordonnances qui ont détruit leur organisation.

« La Garonne est tellement étudiée, dit M. le comte Jaubert,

» qu'il existe trente-sept projets approuvés de 1828 à 1830. Un
» service spécial a été organisé depuis long-temps pour ce fleuve.
» Il y a dix à douze ans qu'un ingénieur des plus habiles parcourt
» la Garonne, l'étudie, *y fait exécuter des sondes*, lever des plans,
» et le projet présenté aujourd'hui est le résultat de ses investiga-
» tions. »

Voilà ce qu'on disait à la tribune en 1835. Pourquoi donc n'a-
t-on pas présenté les sondes du canal? C'est parce que l'habile
ingénieur qui a employé tant de temps à étudier la rivière n'a
pas fait, sur le terrain, les études du canal.

La loi sur le canal latéral à la Garonne a toujours été illégalement présentée à l'adoption des chambres, par l'absence des sondes. Mais elle se trouve entachée d'une illégalité plus grande
encore, car le projet de ce canal n'a pas été soumis à l'examen de
la commission mixte des travaux publics. Cette nouvelle infraction
au texte des lois a été dénoncée à la tribune de la Chambre des
députés, par le général Pelet, dans les termes suivants : — (*Moniteur* du 8 mai 1835.)

§ 10.
La loi a été illégalement présentée.

« La question militaire est d'une telle gravité qu'elle suffit pour
» engager le gouvernement à retirer son adhésion au projet de la
» commission. La ville de Toulouse et la partie du cours de la
» Garonne sont comprises dans la zone militaire où les grands tra-
» vaux doivent être soumis à la commission mixte ; et cette ques-
» tion n'y a pas été examinée..... Je demande que la proposition
» de la commission et toute proposition analogue soient renvoyées
» à la session prochaine, *afin que la commission mixte puisse exami-
» ner le projet dans les intérêts de la sûreté et de la défense de
» l'État.* »

§ 11.
Réclamation du général Pelet.

Plus tard, les deux réclamations suivantes ont été adressées au
ministre de la guerre, pour le prier de faire examiner par la commission mixte le projet du canal latéral à la Garonne :

§ 12.
Copie de la pétition a-
dressée au ministre de la
guerre au sujet du canal
latéral à la Garonne.

Paris, le 27 novembre 1836.

A M. le ministre de la guerre.

Monsieur le Ministre,

Nous avons l'honneur de renouveler auprès de vous la demande
qui fut adressée à votre prédécesseur au sujet du canal latéral à la
Garonne, dont le projet, contrairement aux lois et aux ordonnances, n'a pas été soumis aux délibérations et à l'examen de la
commission mixte des travaux publics. Voici dans quels termes se
sont exprimés les députés qui ont signé cette pétition :

« Paris, le 31 mai 1835.

» Monsieur le ministre,

» Des décrets du 20 février et 20 juin 1810 ont créé une com-
» mission mixte des travaux publics. Elle est chargée de donner
» son avis sur ces travaux avant toute autorisation, lorsqu'ils sont
» compris dans la zone de défense du pays. Un décret du 22 dé-
» cembre 1812 détermine l'organisation et le service de cette com-
» mission. Des ordonnances royales, du 18 septembre 1816 et
» 28 décembre 1828, ont été rendues au sujet de cette même
» institution.

» De cet ensemble de lois et d'ordonnances il résulte qu'un
» canal latéral à la Garonne, et devant parcourir ses rives, c'est à
» dire entrer dans notre zone de défense militaire, ne peut être

» autorisé qu'après que le ministère aura adhéré à l'avis de cette
» commission, ou que le roi, ou un conseil spécial indiqué par
» lui, auront statué sur les travaux proposés. — (Art. 3 et 4 du
: décret du 22 décembre 1812.)

» Nous avons l'honneur de vous rappeler cet état de la législa-
» tion; nous en réclamons l'exécution au sujet de la proposition
» qui a été faite à la chambre des députés, pour relever M. Doin,
» concessionnaire du canal latéral à la Garonne, de la déchéance
» qu'il a encourue. Une autorisation lui ayant été illégalement
» accordée une première fois, nous nous opposons à ce qu'elle
» le soit une seconde, sauf à M. Doin à faire régulariser la de-
» mande qui a été formée en sa faveur.

» Nous avons l'honneur d'être, etc.

» *Signés*, Le maréchal CLAUZEL,
Le lieutenant-général PELET,
Le lieutenant-général SUBERVIC,
BASTIDE D'IZAR,
BARADA,
AMILHAU, députés. »

Nous espérons, Monsieur le Ministre, que vous voudrez bien
avoir égard à notre juste réclamation, et que la commission mixte
des travaux publics sera convoquée pour donner son avis sur le
projet du canal latéral à la Garonne, dont l'exécution, nous le
croyons du moins, affaiblirait l'importance militaire de la ville de
Toulouse, centre de la défense des Pyrénées, et que le maréchal
Soult, dans son rapport qu'il fit au roi en 1832, a signalée
« comme un des principaux points stratégiques du royaume. Les
» cours d'eau, les communications, les canaux affluant de toutes

» parts sur ce point, en font, dit-il, un immense dépôt et un cen-
» tre de défense pour toute la frontière. »

Nous avons l'honneur d'être, avec une considération respec-
tueuse,

Monsieur le Ministre,

Vos très humbles et très
obéissans serviteurs,

Signés, Jh. Laplagne, député du Gers,

Le lieutenant-général Subervic, député du
Gers,

Le général Pelet, député de la Haute-Garonne,

Ch. Liadières, député des Basses-Pyrénées,

Gauthier d'Hauteserves, député des Hautes-
Pyrénées,

J. Laffitte, ⎱ Membres de la chambre des
J. Vatout, ⎰ députés,

Comte Roguet, pair de France.

§ 13.
**Délibération de la com-
mission mixte des travaux
publics sur le canal des
Pyrénées.**

L'article 6 du cahier des charges du canal des Pyrénées porte
que, « sur tous les points où les ouvrages seront situés dans la
» zone de défense, ils devront aussi être préalablement soumis aux
» formalités prescrites pour les travaux mixtes par l'ordonnance
» royale du 18 septembre 1816. »

La délibération de la commission mixte des travaux publics, du
24 novembre 1830, prouve que cette formalité a été remplie à l'é-
gard du canal des Pyrénées, *avant* la présentation de la loi qui en
accorde la concession à M. Galabert.

« La commission , — considérant :

» Que le conseil général des ponts-et-chaussées a donné son ad-
» hésion pleine et entière à l'exécution du projet du canal, tel
» qu'il est décrit aux procès verbaux des conférences, ainsi qu'aux
» réserves mentionnées dans lesdits procès verbaux;

» Que le nouveau canal (des Pyrénées) aurait sur celui dit *des*
» *Petites-Landes*, dont l'objet est également d'opérer l'union du
» canal du Midi avec le Bas-Adour , *l'avantage de vivifier une plus*
» *grande étendue de pays, et d'augmenter les ressources pour la guerre*
» *offensive et défensive ,*

» Est d'avis,

» que les ministres de l'intérieur et de la guerre approuvent de
» concert l'exécution du canal des Pyrénées. »

Et ces ministres l'ont approuvée.

Pourquoi s'obstine-t-on , depuis si long-temps , malgré tant de
réclamations et l'exemple qu'on vient de citer , de soustraire le
projet du canal latéral à la Garonne à l'examen de la commission
mixte , tandis qu'un article inséré dans le cahier des charges en im-
posait l'obligation formelle au canal des Pyrénées? Y a-t-il une
loi qui dispense une administration quelconque de l'observance
des lois? et la Chambre des députés, sur l'observation de l'honorable M. Cunin-Gridaine , n'a-t-elle pas, dans sa séance du 22 décembre dernier, annulé l'élection de M. Armand, député de l'Aube,
parce *que le principe de la loi a été violé ?*

Or, si le principe de *la loi violé*, seulement pour une demi-
heure, a suffi pour annuler l'élection de M. Armand, que faut-il
penser de la violation de ce principe , lorsqu'il s'agit d'une loi sur
un canal pour lequel on demande aujourd'hui 40 millions aux
contribuables, et qui est présenté à l'adoption de la Chambre sans
avoir été soumis à l'examen de la commission mixte et sans qu'on

aît présenté les sondes, ainsi que l'avoue M. Cavenne, page 23 de son rapport?

Mais les études du canal latéral à la Garonne ont-elles été faites? ont-elles été approuvées par le conseil général des ponts-et-chaussées? A-t-on trouvé de l'eau pour alimenter la navigation du canal?

Les conclusions du rapport de M. Cavenne et l'avis du conseil général des ponts-et-chaussées peuvent seules résoudre ou éclaircir ces questions.

§ 14.
Conclusions négatives du rapport officiel de M. Ca-venne.

Voici les conclusions du rapporteur :

« 1° Les concessionnaires présenteront, pour être soumis à » l'examen et à l'approbation de l'administration des ponts-et-» chaussées, des plans détaillés accompagnés de profils en long et » en travers pour l'embouchure de l'embranchement sur le Tarn à » Montauban, pour les branches de descente sur le Tarn à « Moissac, et sur la Baïse à Buset, *et pour la rentrée du canal en* » *rivière à Castets* (1).

» 2° Ils devront s'attacher, savoir :

» A reporter l'embouchure sur le Tarn, à Montauban, auprès » du faubourg de cette ville, en séparant les trois écluses qui se » trouvent accolées dans le projet proposé;

» A tourner à l'aval de la rivière l'entrée de l'écluse d'embou-» chure de la branche de descente au Tarn à Moissac, et à dispo-» ser les trois écluses de cette branche de manière qu'il n'y en ait » que deux au plus qui soient accolées;

» A placer, s'il est possible, la branche de descente sur la » Baïse après le pont-aqueduc de cette rivière, de manière à pou-» voir communiquer au bassin de Buset avec deux écluses seule-» ment, séparées par un bief de quelques cents mètres de lon-» gueur;

(1) « Les concessionnaires devront également représenter les dispositions de » détail de la prise d'eau. »—Cette note se trouve dans le rapport officiel.

» *Enfin à étudier de nouveau la rentrée en rivière à Castets*, en sé-
» parant, s'il se peut, les quatre écluses accolées, et en observant
» que l'embouchure du canal, à l'amont de Castets, paraît expo ·
» sée à l'action du courant de la Garonne dans les crues, et sem-
» blerait bien plus convenablement placée à l'aval et immédiate-
» ment au dessous de Castets, puisqu'on serait abrité par le coteau
» et qu'on trouverait de l'espace pour un bassin.

» 3° Les concessionnaires seront également tenus de représen-
» ter, pour être soumis à l'examen et à l'approbation de l'admi-
» nistration, les plans, coupes et élévations du pont-aqueduc du
» Tarn avec la levée de ses abords, du pont-aqueduc de la Ga-
» ronne avec le développement du tracé autour d'Agen, du pont-
» aqueduc sur la Baïse à Buset. Les plans et dessins seront ac-
» compagnés de mémoires raisonnés sur les débouchés assignés
» aux ponts, et sur le débit des rivières dans leurs crues.

» 4° . . . .

» *Signé* CAVENNE,
» *Inspecteur divisionnaire des ponts-et-chaussées.* »

AVIS DU CONSEIL GÉNÉRAL DES PONTS-ET-CHAUSSÉES.

Le Conseil général des ponts-et-chaussées adopte les conclusions
du rapport. (Paris, 18 janvier 1813.)

Il est évident que les *conclusions* du rapporteur, et l'AVIS du conseil général des ponts-et-chaussées qui *adopte* ces conclusions,
prouvent que tout est à refaire ou *était* à refaire lorsqu'on a présenté, à plusieurs reprises, différens projets de loi pour autoriser
l'exécution du canal latéral à la Garonne. Cependant on ne craint
pas de dire dans l'exposé des motifs du 15 février dernier, que
l'*étude* du prolongement du canal de Languedoc sur l'une ou l'autre des rives de la Garonne *a reçu l'approbation unanime du conseil général des ponts-et-chaussées.*

Contre l'usage du conseil général , aucun de ses membres n'a signé cet *avis*, et contre les usages de l'administration des ponts-et-chaussées, le rapport de M. Cavenne n'a pas été soumis à l'examen de la commission des canaux.

Il est vrai qu'une ordonnance royale du 19 octobre 1830 avait changé l'organisation de l'administration des ponts-et-chaussées et substitué une *commission de navigation* à celle des *canaux*, laquelle, est-il dit à l'article 10 de l'ordonnance précitée, « examinera les » affaires relatives à la navigation naturelle et *artificielle*, aux ports, » usines, dessèchemens, et objets qui s'y rattachent. »

Elle devait donc examiner le projet du canal latéral à la Garonne. — Son rapport n'existe pas. C'est encore une infraction au texte des ordonnances qu'il est bon de signaler, car cette disposition se trouve confirmée par l'article 13 de la même ordonnance, où il est dit :

« Toutes les affaires spécifiées en l'article 15 du décret du 25 » août 1804, qui demanderont un examen particulier, seront » portées à celle des commissions qui est appelée à en connaître , » d'*après l'article* 10.

» Le directeur général déterminera quelles sont celles de ces » affaires qui devront être présentées au conseil général. »

D'où il résulte évidemment qu'aucune affaire ne peut être présentée au conseil général qu'*après avoir été examinée par la commission appelée à en connaître*.

Est-ce le conseil général des ponts-et-chaussées , ou est-ce la commission de la navigation qui a examiné le rapport de M. Cavenne sur le projet du canal latéral à la Garonne ? Il faut croire que c'est le conseil général, puisqu'on le dit. Dans ce cas , le conseil n'aurait connu que le rapport de M. Cavenne , et rien ne prouve que la commission de la navigation se soit jamais occupée de cette affaire.

Tout ceci parait très arbitraire, et c'est pour justifier ou pour faciliter l'arbitraire qu'on a pris en quelque sorte les moyens d'annuler le conseil général des ponts-et-chaussées.

« Cela s'est fait, dit l'honorable M. Jousselin à la tribune de la
» Chambre des députés, en vertu de deux ordonnances, l'une du
» 19 octobre 1830, l'autre du 8 juin 1832.

» Par l'une et par l'autre, et, surtout, par la dernière, le conseil
» a été en quelque sorte *annulé*. Il a été divisé en plusieurs sections
» où trois inspecteurs divisionnaires, c'est à dire trois personnes
» seulement ayant vu les localités, se trouvent répartis.

» Pour chaque affaire, l'inspecteur qui a fait le rapport n'est
» presque jamais présent. Il se trouve, soit en tournée, soit dans
» une commission, *où son travail n'est pas examiné*, de telle sorte
» qu'il n'y a pour le bien des décisions aucune garantie, et que
» les intérêts publics sont compromis.

» Dans quelles vues cet arbitraire a-t-il été organisé? Il est
» difficile de le deviner; mais le résultat, on peut le dire, c'est
» qu'il mène évidemment à la corruption, et que la corruption est
» la fille légitime de l'arbitraire (1). »

Il est bien facile de deviner le motif qui a provoqué les ordonnances dont se plaint M. Jousselin, et annulé le conseil général des ponts-et-chaussées. Ce sont les immenses revenus que doit produire le canal des Pyrénées. Cs b énéfices avaient tenté la cupidité de quelques personnages haut placés dans l'administration. Il fallait susciter des obstacles à M. Galabert, lui opposer une entreprise rivale; et l'existence légale du projet du canal latéral à la Garonne parut être le seul moyen de remplir le but qu'on s'était proposé. Mais pour l'atteindre il fallait détruire tous les plans de l'administration existante et trouver les moyens d'en faire adopter

(1) Discours de M. Jousselin, inspecteur des ponts-et-chaussées. *Moniteur* du 12 juin 1833.

3

de nouveaux, et c'est pour ce motif que l'on songea aux ordonnances dont on vient de parler. Celle du 19 octobre 1830 correspond par sa date avec l'article suivant qu'on trouve dans le *Moniteur* 24 octobre de la même année, et dont voici la copie :

« On écrit de Toulouse le 18 octobre.

» Nous nous empressons de communiquer à nos lecteurs une » nouvelle intéressante pour notre avenir commercial. Le projet » de canalisation de la Garonne, qui peut seul compléter notre » système de navigation et unir réellement les deux mers, ce projet » dont chacun de nous désirait avec ardeur l'exécution sans oser » encore l'espérer, cet heureux projet paraît sur le point d'être » réalisé.

» La pièce suivante en laisse du moins concevoir la vive espé- » rance :

» Le préfet du département de la Gironde a l'honneur de pré- » venir ses administrés qu'un projet de canal latéral à la Garonne, » depuis Toulouse jusqu'à Castets, vient d'être soumis à l'appro- » bation du gouvernement. Ce canal, qui laisse entièrement libre » sur tous les points la navigation du fleuve, doit traverser la partie » du département de la Gironde, comprise entre Hure et Castets. » Le plan qui en a été dressé et qui en indique la direction est » déposé à la préfecture (troisième division), où il pourra en être » pris communication tous les jours, ceux fériés exceptés, depuis » deux heures de l'après-midi jusqu'à quatre.

» Une commission d'enquête est appelée à recueillir tous les ren- » seignemens nécessaires pour éclairer le gouvernement sur l'u- » tilité, les avantages et les inconvéniens de ce projet.

» Les personnes qui auront des observations à présenter, soit » dans leur propre intérêt, soit dans l'intérêt public, sur l'ouver- » ture de ce canal ou sur la fixation du tarif demandé par les au- » teurs du projet, devront les faire parvenir, dans le délai de vingt » jours, à compter de celui du présent, au sous-préfet de leur ar-

» rondissement ou à la préfecture, afin qu'elles puissent être mises
» sous les yeux de la commission.

» Fait à Bordeaux, le 8 octobre 1830.

» Le préfet de la Gironde, membre de la Chambre
» des députés,

» *Signé :* Comte de PREISSAC. »

La coïncidence qu'on ne peut s'empêcher de remarquer entre
les dates de l'ordonnance, de la lettre que M. Galabert écrivit le
15 octobre 1830 à M. le directeur général des ponts-et-chaussées,
et la teneur de l'avis du préfet de la Gironde, semblerait prouver que
la nouvelle organisation du conseil général des ponts-et-chaussées
n'a eu lieu que pour faciliter et faire approuver, avec moins de
difficultés, le projet du directeur général. Il serait curieux de connaître sa correspondance avec le préfet de la Gironde et avec
l'ingénieur en chef, directeur de la navigation de la Garonne.

CHAPITRE II.

—

Des enquêtes.

On a déjà vu, par les conclusions de M. Cavenne, adoptées par le conseil général des ponts-et-chaussées, que toutes les études du canal latéral de la Garonne étaient à refaire.

Nous allons voir à présent si le résultat des enquêtes s'accorde avec le *résumé* du rapporteur, *adopté* aussi par le conseil général.

RÉSUMÉ DU RAPPORTEUR.

§ 16.
Résumé du deuxième rapport de M. Cavenne.

Page 79. — « En résumé, Monsieur le directeur général, le dos-
» sier volumineux des enquêtes présente les résultats suivans :

» Dans le département de la Haute-Garonne, la commission
» d'enquête, le conseil municipal de Toulouse, la chambre de
» commerce de cette ville, rejettent le projet du canal latéral à la
» Garonne comme sans utilité, parce que dans leur opinion la
» rivière peut suffire à tous leurs besoins.

» Dans le département de Tarn-et-Garonne, on s'accorde à re-
» garder ce projet comme très utile et comme seul capable de re-
» médier efficacement aux inconvéniens de la Garonne, et on se
» borne à réclamer, dans son tracé, quelques modifications dont
» une seule est bonne et a déjà été proposée par le conseil général
» des ponts-et-chaussées.

» Dans le département de Lot-et-Garonne, les propriétaires
» dont on doit traverser les terrains, et plusieurs villes de la rive
» droite au dessous d'Agen, s'opposent à l'exécution du projet :
» cinq membres de la commission d'enquête trouvent que la ri-
» vière améliorée peut suffire aux besoins, tandis que cinq autres
» membres de la commission, à l'opinion desquels s'est réunie la
» chambre de commerce d'Agen, déclarent que le canal est d'une
» utilité incontestable pour la masse des intérêts locaux et pour le
» commerce en général.

» Dans le département de la Gironde, les propriétaires auxquels
» on doit prendre des terrains s'opposent au projet, comme dans
» le département de Lot-et-Garonne ; mais la chambre de com-
» merce de Bordeaux et la commission d'enquête le considèrent
» comme étant d'un avantage incontestable pour le commerce, et
» notamment pour la ville de Bordeaux.

» Ainsi, sur les quatre départemens qui ont été consultés, il y
» en a un qui rejette le projet, et on peut présumer avec raison
» qu'il s'est laissé aller à des préventions de localités ; il y en a un
» autre où les avis sont partagés, mais plutôt favorables que con-
» traires ; enfin *il y en a deux qui déclarent le projet très avantageux.*

» J'estime avec ces derniers qu'il y a utilité publique dans l'exé-
» cution de ce projet, et je suis d'avis que, sous ce rapport, vous
» devez autoriser cette exécution.

» Paris, le 17 juillet 1831.

» *Signé*, CAVENNE,
» *inspecteur divisionnaire des ponts-et-chaussées.* »

AVIS DU CONSEIL GÉNÉRAL DES PONTS-ET-CHAUSSÉES.

« Le conseil général des ponts-et-chaussées adopte les conclu-
» sions du rapport précédent.

» Paris, le 23 août 1831. »

(Point de signatures.)

§ 17.

Contradictions entre le résumé du rapport de M. Cavenne et le texte de ce rapport.

Ce résumé, qui est en contradiction manifeste avec le texte du rapport, a été reproduit à la tribune de la Chambre des députés, pour prouver la bonté des enquêtes, et qu'elles avaient été favorables à l'entreprise du canal latéral à la Garonne. C'est ainsi qu'une grossière imposture a pris, en passant par la bouche d'un orateur consciencieux et plein de talent, le sacré caractère de la vérité, car ce résumé a été textuellement reproduit à la tribune de la chambre des députés (1). En faut-il davantage pour que les erreurs s'accréditent et se propagent !

§ 18.

Réclamations nombreuses des riverains du département de Lot-et-Garonne contre le projet du canal latéral.

M. Cavenne a dit à la fin de son résumé, *qu'il y a deux départemens qui déclarent le projet très avantageux.*

Voici comment il prouve son assertion pour le département de Lot-et-Garonne, page 59.

« Le dossier des enquêtes comprend cinquante pétitions adres-
» sées par des particuliers, vingt-deux délibérations de conseils
» municipaux, un mémoire de M. de Vivens, un avis de la cham-
» bre de commerce d'Agen, un autre de l'ingénieur en chef du
» département, un rapport de la commission d'enquête et une
» lettre d'envoi du préfet.

» Les cinquante pétitions adressées par des propriétaires de la
» vallée comprennent ensemble environ cinq cents signatures,
» parce que plusieurs d'entre elles sont collectives : *si on excepte*
» *celle de la commune de Damazan, souscrite par cent dix-sept ha-*
» *bitans qui applaudissent au projet du canal, celles d'une dixaine*
» *de propriétaires qui se bornent à réclamer des indemnités proportion-*
» *nelles à leurs pertes,* TOUTES LES AUTRES EXPRIMENT UNE OPPOSITION
» VIVE ET FORMELLE. On y observe que le bassin de la Garonne est
» très riche, très peuplé, éminemment agricole; que le tracé, en
» morcelant les propriétés ou interceptant les communications,
» froissera les intérêts de tous les habitans et leur causera un grand

(1) *Moniteur du 6 mai 1835.* Discours de M. le comte Jaubert.

» préjudice ; que les digues insubmersibles qui borderont la nou-
» velle communication rétréciront le champ actuel des inondations
» et augmenteront la hauteur des submersions dans les crues.

» A ces plaintes générales, les uns ajoutent que l'exécution du
» canal réduira à la misère la partie nombreuse de la population
» qui s'occupe de la navigation de la Garonne ; les autres, que ce
» canal sera improductif, parce que la voie de la rivière sera plus
» prompte et plus économique, et continuera d'être suivie. On se
» plaint aussi de la prise d'eau de 4 mètres faite à Toulouse ; on
» prétend qu'elle appauvrira la rivière dans les sécheresses et
» qu'elle augmentera alors les inconvéniens de sa navigation.

» Les pétitionnaires de la rive droite, depuis Agen jusqu'à La
» Réole, disent qu'ils vont être privés des droits qui leur sont ac-
» quis depuis long-temps ; que leurs ports et leurs établissemens
» vont devenir inutiles, ou du moins diminuer d'importance ; en-
» fin, plusieurs des réclamans observent qu'au lieu de persister
» dans un projet aussi désastreux pour la contrée, on doit s'occu-
» per des moyens d'améliorer la rivière, parce que cette améliora-
» tion, peu coûteuse d'ailleurs, sera utile à tous : parce que, si
» elle était effectuée, on naviguerait avec plus de célérité et avec
» moins de frais sur la Garonne que sur le canal : parce que, dans
» ce système, on ne froisserait les intérêts de personne, on ne trou-
» blerait pas les habitans des deux rives dans les droits qui leur
» sont acquis ; enfin, parce qu'on obtiendrait le grand avantage,
» que ne donnera jamais le canal, de naviguer avec des bateaux à
» vapeur.

» *Sur les vingt-deux conseils municipaux appelés à délibérer, ceux*
» *d'Agen, de Sérignac, de Damazan et de Buset ont donné leur ad-*
» *hésion au projet : celui de la ville d'Aiguillon, située sur la rive*
» *droite, près de l'embouchure du Lot, a déclaré qu'il ne voyait*
» *aucun inconvénient à son exécution;* MAIS TOUS LES AUTRES, AU
» NOMBRE DE DIX-SEPT, REPOUSSENT CE MÊME PROJET, par les motifs

» déjà exprimés dans les pétitions des habitans, c'est à dire à cause
» du morcellement des propriétés, de l'interruption des commu-
» nications, du surcroît de hauteur des submersions, de l'appau-
» vrissement de la rivière par la prise d'eau, de l'abandon probable
» de l'entretien de cette rivière, *de l'inutilité d'une voie artificielle*
» *à côté d'une voie naturelle qui suffit aux besoins.*

» Plusieurs de ces conseils municipaux cherchent aussi à dé-
» montrer que les transports par le canal seront plus coûteux et
» plus longs que par le fleuve, et ils demandent très vivement
» qu'on s'occupe plus efficacement qu'on ne l'a fait jusqu'ici de
» l'amélioration de ce fleuve, etc. . . . . »

Voilà en quels termes, et suivant M. Cavenne, le département
de Lot-et-Garonne DÉCLARE LE PROJET TRÈS AVANTAGEUX.

§ 19.
Réclamations nombreu-
ses et officielles des riverains du département de la
Gironde contre le canal
latéral.

Nous allons voir, toujours en copiant le texte du rapport de
M. Cavenne, ce qu'ont produit les enquêtes dans l'autre département.

Département de la Gironde. — Page 64.

« . . . . Le dossier des enquêtes qui y ont été faites comprend
» quatorze pétitions, dont plusieurs sont collectives, un résumé
» de ces pétitions, rédigé par la commission d'enquête, l'avis de
» commission, celui de la chambre de commerce de Bordeaux, et
» la lettre d'envoi du préfet.

» *Une seule des pétitions est approbative du projet.* DANS TOUTES
» LES AUTRES ON DEMANDE SON REJET, en s'appuyant sur les motifs
» exprimés dans le département de Lot-et-Garonne.

» On n'a point, dans la Gironde, comme dans les autres dépar-
» temens, fait délibérer les conseils municipaux; mais six des
» membres de la commission d'enquête se sont transportés à Flou-
» dés (point central du territoire traversé par le canal); ils ont
» appelé les habitans des sept communes de ce territoire à exprimer
» leur opinion sur son exécution, et ils ont rédigé, le 18 novem-

» bre 1830, un procès verbal de cette espèce d'information, qu'ils
» ont terminée comme il suit :

» *En résumé, il nous a été facile de reconnaître que l'immense*
» *majorité des habitans des communes traversées par le canal* RE-
» POUSSENT DE TOUS LEURS VOEUX SON ÉTABLISSEMENT, *qu'ils regardent*
» *comme nuisible aux intérêts privés, dont l'ensemble forme évidem-*
» *ment l'intérêt général, et qu'ils le considèrent comme devant porter*
» *un coup funeste à la propriété, au commerce, à la marine, et sur-*
» *tout à la* SALUBRITÉ *du pays.* »

Il faut ajouter à cette répulsion, si bien constatée dans le rapport de M. Cavenne, celle des conseils généraux de département,
lesquels, aux termes de l'art. 8 de l'ordonnance du 28 février 1831,
« *sont appelés à exprimer leur opinion sur les avantages ou les incon-*
» *véniens de l'entreprise projetée.* » Or, le *Moniteur* du 12 avril 1832,
qui rend compte de la discussion qui eut lieu sur le projet de loi
relatif au canal latéral à la Garonne, rapporte les paroles suivantes, prononcées à la tribune de la Chambre des députés par
M. Merle-Massonneau, député de Lot-et-Garonne. — Votant
contre le projet du canal, il dit :

§ 20.
Les conseils généraux
des départemens de Lot-et-
Garonne et de la Gironde
repoussent également le
projet du canal latéral.

« J'APPUIE CE VOTE SUR LE VOEU MANIFESTÉ PAR LE CONSEIL GÉNÉ-
» RAL ET LE PLUS GRAND NOMBRE DES COMMUNES RIVERAINES. »

« *Les habitans de la rive droite*, dit M. le duc Decazes à la tribune
» de la Chambre des pairs, *regardent le canal comme devant amener*
» *leur ruine.* VINGT−NEUF COMMUNES *ont fait entendre les plus vives*
» *représentations, appuyées* PAR CINQUANTE PÉTITIONS, *couvertes de*
» *nombreuses signatures* (1). »

Ce n'est donc pas sur les rives de la Garonne qu'on pourra
trouver les deux départemens dont parle M. le rapporteur des
ponts-et-chaussées, *et qui déclarent le projet* TRÈS AVANTAGEUX.

(1) *Moniteur* du 21 avril 1832.

4

Cette inqualifiable assertion vient encore d'être démentie par l'*Indicateur de Bordeaux* du 5 juillet 1837 :

« *En* 1834, dit-il, *le conseil général de la Gironde émit à* L'UNA-
» NIMITÉ *le vœu que le gouvernement* REPOUSSÂT *le projet du canal*
» *latéral.*

» En 1834, ajoute l'*Indicateur*, M. Henry Fonfrède, membre
» du conseil (du département de la Gironde), était évidemment
» contre le canal latéral.

» En 1835, M. A. Fonfrède déclara nettement qu'*il était* loin de
» partager la confiance complète des partisans du canal. »

§ 21.
M. Gautier, pair de France, a changé d'opinion. Il paraît que M. Gautier a aussi partagé pendant long-temps l'opinion de M. Fonfrède et du conseil général du département de la Gironde. « Effrayé nous-même, dit-il dans son rapport à la
» Chambre des pairs, de l'étendue de cette opération, des dé-
» penses qu'elle entraîne, enfin de la longueur du temps qu'exi-
» gera son exécution, *nous avons été long-temps opposé au projet*
» *d'un canal latéral à la Garonne*, nous l'avons combattu à plu-
» sieurs reprises dans le conseil général de la Gironde, dont nous
» avions alors l'honneur d'être membre, et tous les efforts que nous a
» inspirés notre zèle pour les intérêts auxquels ce projet se ratta-
» che le plus directement avaient tendu jusqu'à ce jour *à obtenir*
» *seulement l'amélioration du cours de la Garonne.* Une étude plus
» approfondie de la question nous a fait abandonner cette opinion.
» C'est avec une pleine conviction que nous venons aujourd'hui
» développer devant vous un avis opposé à celui que, par une er-
» reur qu'il ne nous en coûte nullement d'avouer, nous avons
» soutenue pendant plusieurs années (1). »

On peut faire observer au très honorable M. Gautier, que, si ses convictions ne sont plus en 1835 ce qu'elles étaient en 1831,

(1) *Moniteur* du 27 juin 1835.

1832, 1833, 1834, jusqu'au 26 juin 1835 ; il est possible qu'elles changeront encore lorsqu'il aura mieux approfondi et mieux étudié la question.

Ce canal, rejeté par tout le monde, toujours abandonné, et dont il n'est pas fait mention dans le système général de navigation intérieure de la France, présenté au roi en 1820 par le ministre de l'intérieur, n'a trouvé de sympathies à Bordeaux qu'en 1835, et n'a fixé l'attention de quelques spéculateurs qu'*après* que le *Moniteur* eut publié l'analyse du Mémoire présenté au Roi par M. Galabert, intitulé *La vérité sur le canal des Pyrénées*, dans lequel se trouve l'état sommaire des revenus que ce canal doit produire, par le mouvement des bâtimens français ou étrangers, qui incontestablement prendront cette voie pour passer d'une mer dans l'autre.

C'est alors seulement que le commerce bordelais, ou plutôt quelques spéculateurs étrangers établis à Bordeaux, ont tout à coup jeté un cri d'alarme en fixant, peut-être pour la première fois, leurs avides regards sur ce projet de canal latéral à la Garonne, que son auteur avait tenté vainement jusqu'à cette époque de présenter à leur imagination, comme devant partager ou s'approprier tous les avantages que promet au canal des Pyrénées la jonction des deux mers et le commerce de transit.

Ils n'ignoraient pas cependant que le canal latéral était inexécutable; que, s'arrêtant à Castets, le régime de la Garonne, les gués qui obstruent son lit, la hauteur de ses crues, interrompaient la navigation jusqu'à Bordeaux, et qu'il n'existe aucun moyen connu pour surmonter ces obstacles. N'importe ; ils ont supposé qu'une fois commencé, avec une garantie d'intérêt de 4 p. cent sur 48 millions, le gouvernement ferait à ses frais toutes les dépenses nécessaires pour le pousser ensuite de Castets à Langon, et successivement jusqu'à Langoiran, en franchissant toutes les passes, soit par des déviations latérales, soit par des travaux en lit de rivière et avec des dépenses proportionnées aux difficultés toujours croissantes dans ces terrains accidentés, et qui sont impraticables, même pour les courriers, pendant les crues, ainsi que le prouve l'article du *Constitutionnel* du 10 mai 1837.

« Les débordemens de la Garonne et du Ciron, y est-il dit, qui,
» pendant 72 heures, *viennent d'empêcher toute* communication
» entre Bordeaux et Toulouse, justifient bien la demande que cette
» dernière ville vient d'adresser à l'administration des postes, afin
» que leurs dépêches soient dirigées vers Bazas, Nérac et Con-
» dom, et que, lors des hautes eaux, les dépêches soient remises
» au bateau à vapeur de Bordeaux à Langon. »

Quant au creusement du lit de la rivière pour faire disparaître *les passages difficiles*, M. le baron Cuvier a dit à la tribune de la Chambre des pairs que le conseil des ponts-et-chaussées, après un examen approfondi, avait déclaré, « que le creusement du lit
» de la Garonne, de manière à rendre ce fleuve navigable pour
» les bateaux du canal de Languedoc, était une chose impossi-
» ble (1). » C'est une vérité qu'on ne saurait trop répéter pour dissiper de folles et cupides illusions.

(1) Discours de M. Cuvier. *Moniteur* du 21 avril 1832.

CHAPITRE III.

—

Du cautionnement et des souscriptions.

« Un cautionnement, Messieurs, dit M. le directeur général des
» ponts-et-chaussées à la tribune de la Chambre de députés,
» n'est pas une mesure fiscale ; il n'a pas pour but d'enrichir le
» trésor qui n'en retire aucun avantage : par la demande d'un
» cautionnement l'administration n'a d'autre vue que de garan-
» tir les intérêts des tiers (1). »

§ 22.

Inutilité du dépôt d'un cautionnement avant le commencement des travaux.

Il est évident que les intérêts des tiers ne peuvent être compromis qu'APRÈS le commencement des travaux ; et si le dépôt du
cautionnement a lieu AVANT le commencement des travaux, les
intérêts des tiers seront complètement garantis. Pourquoi donc
exiger d'un concessionnaire le dépôt préalable d'un cautionnement avant la présentation de la loi qui doit lui assurer
la concession d'un canal dont le projet lui appartient, et dont les
études ont été faites à ses risques et périls ?

Ces travaux, ces dépenses préliminaires, ne sont-ils pas des
gages certains de l'intention, du désir qu'il a d'exécuter son entreprise ? N'importe ; on lui demande plusieurs millions : cette me-

(1) Paroles de M. Legrand, directeur général des ponts-et-chaussées. *Moniteur* du 28 février 1835.

sure est de rigueur, et il faut s'y conformer si l'on veut que la loi soit présentée. Le concessionnaire, sa famille, ses créanciers, seront ruinés, en attendant qu'il meure de chagrin ou qu'un étranger vienne s'emparer du fruit de son travail et de son génie, s'il a du génie.

Mais les derniers concessionnaires du canal latéral à la Garonne ont-ils déposé ce cautionnement, si nécessaire, dit-on, et si rigoureusement exigé?

C'est ce que nous allons voir.

Le *Moniteur* du 4 juin 1835 contient un rapport de l'honorable comte Jaubert sur le canal latéral à la Garonne, dans lequel on remarque les expressions suivantes : — « Par acte passé le 6 mai » dernier devant Maurice Grangeneuve et son collègue, notaires à » Bordeaux, quarante-deux maisons ont contribué à la formation » *du cautionnement de deux millions*, et arrêté qu'une demande en » concession nouvelle serait faite au nom de M. Doin et de douze » d'entre elles spécialement désignées. Dans cet acte sont posées » les bases d'une société anonyme au capital de quarante mil- » lions. »

Les quarante-deux principales maisons de commerce de Bordeaux qui ont apprécié l'importance du canal projeté, pour la prospérité de leur cité, ont dû verser ce cautionnement. L'honorable M. Passy, ministre du commerce et des travaux publics l'a affirmé lorsqu'il dit à la tribune de la Chambre des députés. (*Moniteur* du 28 mai 1836.)

« La compagnie nouvelle, instituée par la loi du 9 juillet 1835, » dont nous venons d'exposer les principales dispositions, *a versé* » *le cautionnement exigé*; mais elle est sur le point de voir expirer » le délai qui lui est accordé pour l'accomplissement de la seconde » condition, c'est à dire pour la réunion d'un premier capital de » 30 millions. »

D'après ce passage, extrait d'un exposé des motifs d'un projet de loi, acte solennel et de la plus haute gravité, on doit croire qu'en effet le cautionnement a été déposé.

Cependant M. Teste, rapporteur d'un nouveau projet de loi sur le canal latéral à la Garonne, dit à la tribune. (*Moniteur* du 16 juin 1837.)

« Une condition n'avait pas été remplie par la compagnie ; *elle* » *n'avait pu parvenir à réaliser en temps utile le cautionnement exigé* » *par le cahier des charges ;* cette condition *qui n'avait pas été remplie* » l'a été aujourd'hui avant la présentation du projet par lequel on » propose de relever la compagnie de la déchéance. »

Il existe une contradiction palpable entre les assertions du ministre et celles de l'honorable député du Gard. On ne peut les concilier qu'en supposant qu'ils ont été trompés tous les deux. Trompés ! — Par qui? — Pourquoi? puisque quarante-deux maisons principales du commerce de Bordeaux avaient déjà *contribué à la formation du cautionnement de deux millions.* C'est une question difficile à résoudre. Mais le *Moniteur* est là. Ce que le ministre a dit à la tribune en 1836, M. Teste l'a démenti à la tribune en 1837.—Et si le cautionnement n'avait jamais été déposé !....

Encore une autre question.

Y a-t-il jamais eu de la réalité dans les souscriptions annoncées? Ont-elles été franches ou conditionnelles? N'ont-elles pas été subordonnées à cette garantie de 4 0/0 d'intérêt proposé en 1837 dans le projet de loi qui a été rejeté à une si grande majorité dans la séance du 15 juillet de la même année? On l'ignore.

Mais comment se fait-il que le chiffre d'une souscription qui, en peu de temps, s'était élevée à quinze millions, soit resté le même pendant l'espace d'une année, et n'ait pu atteindre les trente millions qu'on avait annoncés, qu'on avait promis depuis 1835, depuis 1836, et qu'on devait réaliser avec tant de facilité, si on en juge par la promptitude avec laquelle on avait, dit-on, réuni la première moitié de cette somme ?

§ 24.
De la réalité des souscriptions annoncées en faveur du canal latéral.

La ville de Bordeaux est si riche ! les quarante-deux principales maisons dont on a parlé sont si puissantes ! et les bénéfices que doit produire le canal, d'après les prospectus qui ont été répandus par les soins de la Compagnie Bordelaise, sont si certains, si bien établis, qu'il doit paraître étrange à tout le monde que cette souscription soit restée stationnaire et n'ait pas rapidement atteint la somme exigée pour former une compagnie anonyme, puisque l'article x de l'un des prospectus dont on vient de parler prouve que le seul transport des voyageurs produira quinze cent mille francs tous les ans. Cet article couvrirait les trois quarts des frais de l'entreprise, dont la dépense est fixée à la somme de 39,698,586 fr., et sur laquelle, d'ailleurs, M. de Baudre reconnaît, page 31 du rapport de M. Cavenne, *qu'il serait possible qu'on fît une économie de 3 à 4 millions.*

Nous allons examiner à présent quels sont les revenus annoncés pour le canal latéral.

CHAPITRE IV.

—

DES REVENUS DU CANAL LATÉRAL A LA GARONNE.

On cite toujours le texte du rapport de M. Cavenne, inspecteur divisionnaire des ponts-et-chaussées, seul document officiel qui existe sur le canal latéral à la Garonne. Voici comment il s'exprime à la page 74 :

« La compagnie Doin a évalué à 158,000 tonneaux par an le » mouvement qui aura lieu sur toute la ligne navigable, pour les » seuls besoins de la contrée traversée par son canal; nous n'avons » pu vérifier, savoir :

§ 25.
Fragmens du rapport de M. Cavenne sur les revenus du canal latéral.

» 1° Que les masses remontantes de Bordeaux sur Toulouse, » et descendantes de Toulouse sur Bordeaux, évaluées ensem-
» ble à . . . . 65,000 ton.
» 2° Que celles de Montauban sur Toulouse,
» évaluées à 22,000 tonneaux sur onze distances,
» ou à environ 7,000 tonneaux parcourant toute la
» ligne. 7,000
» 3° Que celles de Moissac sur Toulouse, éva-
» luées à 7,600 tonneaux ou à 2,500 tonneaux par-
» courant toute la ligne. 2,500
                              — — —

» Total des transports qui paraissent assurés,
» d'après un écrit de M. Saget, publié à Toulouse
» en 1826 75,500

5

» Quant au complément de 83,500 tonneaux nécessaires pour
» arriver au total indiqué plus haut de 158,000 tonneaux, NOUS
» N'AVONS AUCUN MOYEN DE LE CONSTÁTER, et nous devons nous
» borner à dire qu'on l'attribue en grande partie aux marchan-
» dises qui arriveront par la Baïse. Nous observerons seulement
» que si le canal de Languedoc est riche en produits résultant du
» seul mouvement commercial de la contrée qu'il traverse, son
» prolongement dans un pays au moins aussi abondant et aussi
» peuplé devra donner des résultats analogues et s'approchant
» probablement des indications fournies par la compagnie. »

§ 26.
Suppositions inexactes de ce rapport.

On peut répondre que ces suppositions, ces comparaisons in-
génieuses, quoique enveloppées d'obscurités, et ces indications
effleurées par la soi-disant compagnie, sont beaucoup plus favorables au canal des Pyrénées qu'au canal latéral à la Garonne.
C'est le premier de ces canaux qui *traverse réellement les pays abon-
dans et peuplés* dont on parle; et la partie du département du Gers,
située sur les bords de l'Arros et de l'Adour, laisserait bien peu
de chose à transporter par le canal latéral au village de Castets.
Oui, mais le canal des Petites-Landes qui débouche dans la Baïse
à Lavardac?...... Le canal des Petites-Landes n'existe pas : il est
douteux qu'on trouve assez d'eau pour alimenter son point de
partage, et la navigation impraticable qu'il faudrait établir dans
le lit de la Gélise, sur le versant de la Garonne, et dans celui de
la Midouse, sur le versant de l'Adour, offrent des difficultés qui
paraissent insurmontables. M. Deschamps, inspecteur-général des
ponts-et-chaussées, en a rendu compte dans les deux rapports
qu'il a faits sur ce canal ; le premier est daté du 24 mai, et l'autre
du 1er août 1826. On peut les consulter : ils se trouvent dans les
archives de la direction générale des ponts-et-chaussées.

§ 27.
**Opinion de la commis-
sion mixte des travaux
publics sur le canal des
Petites-Landes.**

Mais ce canal des Petites-Landes est déjà condamné par la
commission mixte des travaux publics, laquelle,

« Considérant,

» Que le comité des fortifications a reconnu :

» Que le nouveau canal (celui des Pyrénées) aurait sur celui
» dit des Petites-Landes , dont l'objet est également d'opérer l'u-
» nion du canal du midi avec le Bas-Adour, l'avantage de vivi-
» fier une plus grande étendue de pays, *et d'augmenter les*
» *ressources pour* LA GUERRE OFFENSIVE ET DÉFENSIVE.... Est d'a-
» vis , etc.. »

D'après les éclaircissemens donnés par M. Cavenne, les minces
revenus que pourrait produire le canal latéral à la Garonne, vu le
peu d'étendue de son développement, suffiront à peine à son entretien et aux réparations continuelles qu'exigeront les dommages
qu'éprouveront les remblais sur lesquels il faudrait l'établir , ou
les digues qui le retiendraient sur les flancs des coteaux qui bordent la vallée, et qui seraient exposées à crever à chaque crue de
la Garonne, ainsi qu'il est arrivé en 1386 au canal de Berry , *dont*
les digues ont crevé en différens endroits (1). Les dégradations éprou-
vées la même année par le canal de Bourgogne exigeront des réparations que l'on craint devoir être *aussi coûteuses qu'une con-*
struction nouvelle (2). Il est encore d'autres exemples que l'on
pourrait citer, et qui se trouvent consignés tous les ans dans les
récits des journaux qui annoncent les débordemens des rivières.

« Le 2 juin 1835, la Garonne inondait la plaine de Toulouse à
» Bordeaux. Toutes les récoltes en blés, chanvre et maïs, sur
» soixante lieues d'étendue, furent perdues, et les bateaux à va-
» peur naviguaient dans les champs de blé sans que les roues tou-
» chassent à deux pieds près le bout des épis (3).

» Le 7 mai 1837, les belles promenades du Gravier, à Agen, et

§ 25.
Des débordemens de la
Garonne.

(1) *Le Temps,* n° du 10 mai 1836.
(2) *Journal du Commerce* du 11 mai 1836.
(3) Le *Constitutionnel* du 7 juin 1835.

» les cafés qui les environnent ont été totalement submergés, et les
» communications avec Bordeaux suspendues (1). »

Mais ces digues, qui devraient défendre le canal latéral, tantôt submersibles, tantôt insubmersibles, comment résisteront-elles à des crues de 42 pieds de hauteur, puisque la prolongation du canal de Languedoc, de Toulouse à Moissac, projetée long-temps avant l'époque où écrivait le célèbre Lalande, a été abandonnée « parce que, dit-il, *les inondations de la Garonne le détruiraient* » *infailliblement*, et que passant dans les prairies de Gélibert, où » il y a quelquefois dix pieds d'eau, il faudrait au canal des *digues* » *immenses;* et encore, ajoute-t-il, ne résistera'ent-elles pas à l'im- » pétuosité de ses débordemens (2). »

Voici le tableau de l'élévation des crues de la Garonne :

§ 29.
Élévation des crues de la Garonne.

ÉLÉVATION DES CRUES DE LA GARONNE.

	Pieds.	Pouces.	HAUTEUR des crues.	
			Pieds.	Pouces.
La ligne d'eau de la rivière, à son étiage à Langon, est de 5m 30° moins élevée que la hauteur du quai, ce qui fait.	16	3	»	»
On voit, adossée à une maison qui se trouve sur le port, une échelle métrique de 6 mètres au dessus du niveau du quai ; elle marque la hauteur de l'inondation qui eut lieu le 26 janvier 1826, ci.	18	5	34	8
Celle du 17 février 1811 monta plus haut de. . . .	1	»	35	8
Celle du 11 février 1807 s'éleva encore de	1	6	37	2
Celle du 24 mai 1827, de.	»	6	37	8
Celle du 30 janvier 1791, de	3	»	40	8
Enfin, celle d'avril 1770, de.	1	6	42	2
Maximum de l'élévation des crues. . .	42	2		

(1) Le *Messager* du 7 mai 1837.

(2) Lalande, page 157 de son grand ouvrage sur la navigation intérieure.

M. Cavenne avoue, page 8 de son rapport, que les crues du Tarn s'élèvent à 7 m. 60 au dessus de l'étiage. Mais ces crues, en descendant vers Bordeaux, atteignent déjà à Langon une hauteur de 42 pieds. — Si l'on veut pousser le canal de Castets à Langon, sur quels remblais l'élevera-t-on après qu'il aura passé le grand souterrain de Castets, et quelles sont les digues qui pourront le défendre contre les inondations? Comment, au milieu de ces terres submergées, pourra-t-on le conduire jusqu'en aval de la passe de *Pitres*, située dans la commune de Langoiran, travail immense et nécessaire pour que la navigation puisse continuer jusqu'à Bordeaux? Ces difficultés auraient peut-être arrêté l'illustre Lalande, qui était effrayé d'une inondation de dix pieds! — En supposant qu'elles soient insurmontables ou que la chambre des députés refuse les millions nécessaires pour *essayer* de les surmonter, le canal latéral s'arrêtera forcément à Castets, malgré les travaux entrepris sur ce point, « et dont il est convenable d'attendre les effets, dit le mi-
» nistre des travaux publics. Si nos espérances étaient trompées,
» ajoute-t-il, il serait toujours temps de pousser le canal jusqu'à
» Langon (1). »

Ce doute confirme l'opinion du conseil-général des ponts-et-chaussées, qui, sur le témoignage du baron Cuvier, cité plus haut, a déclaré que le creusement du lit de la Garonne était une chose IMPOSSIBLE.

Ainsi, l'on demande provisoirement quarante millions pour établir une communication inutile, et dont l'exécution est incertaine, de l'aveu même de ceux qui en ont conçu le projet et dressé les plans.

Le canal latéral, toujours établi sur des remblais élevés, même dans le lit de la rivière comme à Bondou, à Malauze, à Laspeyres,

---

(1) Exposé des motifs du projet de loi sur le canal latéral à la Garonne. *Moniteur* du 16 février 1838.

au Mas, à Meillan, et sur presque tous les points de son développement; défendu par des digues immenses suspendues sur les flancs
des coteaux, submersibles dans la vallée; ce canal, toujours menacé
ou attaqué par des crues d'une hauteur et d'une violence irrésisti-
bles et qui détruiront les ouvrages à mesure qu'on les exécutera;
ce canal, si on avait la folie de l'entreprendre et le malheur de l'a-
chever, ne trouverait d'autre ressource pour son administration,
son entretien et ses réparations continuelles, que dans une allocation annuelle de fonds au budget de l'état, car ses revenus suffiront
à peine aux frais de son entretien. Mais comme « le profit des
» péages est peut-être, dit encore M. le ministre des travaux pu-
» blics, le moindre des avantages qu'il faut apprécier dans une
» entreprise de cette valeur (1), » il ne faut pas y regarder de si
près. Les chambres sentiront la force de cet argument.

Voilà donc quarante millions qui ne produiront rien, à moins
qu'on ne tienne compte d'un article très important dont on a déjà
parlé, et qui se trouve dans le *Prospectus* publié par le *Mémorial
bordelais* du 7 janvier 1836 sur le canal latéral à la Garonne, ayant
pour titre : *Société anonyme*. Le voici textuellement :

§ 30.
Articles 10 et 11 du prospectus.

Art. 10.

« Les voyageurs donneront au canal un nouveau produit.

» Le nombre des voyageurs qui circulent aujourd'hui entre
» Bordeaux et Langon, par le moyen actuel de transport, s'élève
» à plus de deux mille par jour.

» Les relations ne sont, relativement, ni moins actives, ni moins
» fréquentes sur la ligne du canal. On doit donc espérer que,
» lorsqu'un service de poste sera établi avec une vitesse de trois
» lieues à l'heure, au prix de vingt et trente centimes par lieue, le

(1) Exposé des motifs du projet de loi sur le canal latéral à la Garonne. *Moniteur* du 16 février 1838.

» canal transportera mille voyageurs par jour. Cependant on ré-
» duit ce nombre à six cents. »

Art. 11.

D'après ces bases le canal rendra net :

1° . . . .

2° Pour les voyageurs. . . . . 1,500,000 fr.

Il n'y a pas d'erreur de calcul dans les résultats que l'on porte
en colonne. — Cet article sur les voyageurs ne figure que pour 40
ou 50 mille francs dans les produits du canal de Languedoc, depuis
Toulouse jusqu'à Cette. On a de la peine à comprendre comment
de Castets à Toulouse, et depuis Toulouse jusqu'au village de Castets, le mouvement DES VOYAGEURS, entre ces deux points, pourrait
produire 1,500,000 francs.

Sur la ligne du canal des Pyrénées, qui est beaucoup plus longue
que celle du canal latéral, et sur laquelle, à cause des places de
guerre de la frontière, en y comprenant Perpignan et Bayonne,
ainsi que tous les débouchés et les autres communications qui
existent entre la France et l'Espagne, le mouvement des voyageurs
doit être beaucoup plus considérable, cet article, dans le tableau
des revenus du canal, n'est porté que pour MÉMOIRE.

§ 31.
L'association bordelaise porte les revenus que produiront les voyageurs à 3,800,000 francs.

MM. NATHANIEL JOHNSTON, HOVY, WALTER, DAVID JOHNSTON,
URIBARREN, AGUIRREVENGOA fils, J. DE YRIGOYEN, PEYRERA frères,
FRÉDÉRIC LOPEZ, DIAZ, DAVID BROWN, JONES VIOLETT et compa-
gnie, NATHANIEL BARTON, PETTERSEN, YNIGO ESPELETA, GADEN et
KLIPSCH, VAN HEMERT, FRANCISCO FERNANDEZ, P. J. TRUEBA, NA-
THANIEL JOHNSTON oncle, WETZEL, H. RABA, L. R. ECHENIQUE,
BARCKAUSEN, et plusieurs autres maisons respectables, au nombre
de quarante-deux, formant l'association bordelaise du canal la-
téral à la Garonne, dans les notes qu'elles firent distribuer le 5
mai 1835 à la Chambre des députés, pensaient que les voyageurs

produiraient la somme énorme de TROIS MILLIONS HUIT CENT
MILLE FRANCS par an.

« Le canal latéral, disaient-ils, intéresse incontestablement le
» commerce général de France, mais il intéresse aussi spécialement
» le commerce de Bordeaux, pour lequel *il est une question de vie*
» *ou de mort ;* et lorsque les notabilités commerciales de Bordeaux
» se réunissent pour en poursuivre l'exécution, ce n'est pas par
» esprit de spéculation. »

Il serait difficile, en effet, de révoquer en doute le patriotisme
des généreux citoyens dont on vient de citer les noms, et qui, avec
leurs associés, étaient parvenus à réunir une somme très considérable pour l'achevement de cette belle entreprise; elle devait être
bientôt complète, mais les concessionnaires et leurs associés ont
préféré garder leur argent et abandonner au gouvernement la
gloire et les bénéfices de son exécution, car « *les bienfaits de ce ca-*
» *nal doivent s'étendre jusqu'à une grande distance de ses bords* (1). »

La France entière, Toulouse, surtout, et la ville de Bayonne,
éprouveront la plus vive admiration pour le désintéressement de
« BORDEAUX, *dont le fleuve aura désormais une embouchure dans les*
» MERS DU LEVANT, *deviendra un des grands entrepôts des produc-*
» *tions de toutes les parties du monde, et ne tardera pas sans doute à*
» *recouvrer son antique splendeur* (2). »

Il est bien étonnant que cette future splendeur qui doit rappeler
des splendeurs antiques, ces questions *de vie et de mort* dont le
commerce de Bordeaux est menacé, n'aient pas fixé son attention
depuis cent cinquante-deux ans que le canal de Languedoc est
achevé.

---

(1) Expression de l'exposé des motifs du projet de loi sur le canal latéral à la
Garonne. *Moniteur* du 16 février 1838.

(2) Exposé des motifs. *Moniteur* du 16 février 1838.

L'administration avait oublié le canal latéral dans le rapport fait au Roi, en 1820, sur la navigation intérieure, et ne s'est souvenue d'en proposer la construction que long-temps après que le projet et les études du canal des Pyrénées eurent démontré la possibilité d'établir, par cette voie, une communication réelle entre l'Océan et la Méditerranée.

On a feint de craindre et l'on a voulu faire accroire que l'exécution de cette entreprise enlèverait au commerce de Bordeaux les avantages qu'il retire du mouvement de denrées qui existe entre cette ville et les ports de la Méditerranée. Ces craintes, ces apréhensions sont chimériques. L'exportation de l'excédant des productions du Languedoc et de la Provence a toujours eu lieu par les ports français situés sur les bords de la Méditerranée : les tableaux du cabotage et du commerce français, dressés tous les ans par l'administration des douanes, prouvent évidemment cette vérité. Jusqu'à ce jour ce n'est pas par le port de Bordeaux, mais par les ports d'Agde, de Cette, de Marseille, et par le détroit de Gibraltar que s'est exécuté le grand mouvement de commerce et d'échange qui existe entre les productions de l'Océan et de la Méditerranée. — Mais les cinquante mille tonneaux qui passent par le canal de Languedoc et descendent tous les ans la Garonne, *depuis la paix, et seulement depuis la paix*, appartiennent exclusivement au commerce de Bordeaux, et suivront toujours la même voie, puisqu'ils servent aux consommations des habitans des bords de la Garonne, depuis Toulouse jusqu'à la mer, ainsi qu'au mélange des vins, des eaux-de-vie, et à l'assortiment des cargaisons que Bordeaux expédie dans toutes les parties du monde, surtout depuis que le décret de Ferdinand VII, du 9 février 1824, a ouvert tous les ports de l'Amérique espagnole au commerce européen, et que l'indépendance de ces vastes contrées a consolidé le système de libre communication que ce décret avait établi.

§ 32.
Craintes chimériques du commerce de Bordeaux.

C'est à cette cause, à l'activité, à l'extension du commerce de Bordeaux qu'il faut attribuer l'accroissement de revenus que produit aujourd'hui le canal de Languedoc, dont la moyenne des dix dernières années s'élève à deux millions et quelques centaines de mille francs.

Depuis les désastres de Saint-Domingue, le commerce de Bordeaux a réparé ses pertes, et le pavillon français, jadis inconnu à la Havane, sur les plages du Mexique et sur les côtes de l'Océan pacifique, se montre avec orgueil et confiance sur ces rivages autrefois inaccessibles à nos vaisseaux, et ouvre un champ sans limites aux plus vastes combinaisons.

§ 33.
Le canal des Pyrénées ne porte aucun préjudice au commerce de Bordeaux.

Ainsi donc, et comme on l'a déjà remarqué, excepté l'huile, les savons, et les autres productions de la Provence qui, de Toulouse, prennent et ont toujours pris la voie du roulage pour se rendre dans les départemens que doit traverser le canal des Pyrénées, il n'y aura que les bâtimens de transit, français ou étrangers, qui, sans s'arrêter, sans faire aucun échange, prendront cette voie pour éviter le détroit de Gibraltar. C'est donc à tort qu'on a prétendu, qu'on *a feint de croire* que l'existence du canal des Pyrénées serait nuisible à la place de Bordeaux.

Ce canal fera incontestablement beaucoup de bien à la France entière, beaucoup de bien à la ville de Toulouse, et surtout à la ville de Bayonne, *et doublera la richesse des vastes pays qu'il doit traverser* (1) ; mais il ne peut altérer en rien la prospérité toujours désirable et toujours croissante du commerce bordelais, puisque les versemens des 50 mille tonneaux que fait le canal de Languedoc dans la Garonne, et les 14 mille tonneaux de la Garonne, qui de Bordeaux remontent à Toulouse, et suivent, par le canal de Languedoc, leur destination vers la Méditerranée, AURONT TOUJOURS LIEU COMME PAR LE PASSÉ.

(1) Expressions de la chambre de commerce de Bayonne.

Quelle que soit la cause ou le motif qui ait fait dissoudre la puissante association bordelaise ; que ce soit par timidité, par calcul ou par générosité, l'association n'existe plus ; et si les Chambres accordent au gouvernement les 40 millions qu'il demande pour la remplacer et pour commencer l'exécution de cette entreprise, une triste expérience prouvera l'inutilité de cette dépense.

Au reste, la chambre de commerce de Bordeaux, dont le patriotisme et les lumières égalent la sagesse, termine la lettre qu'elle a adressée, le 14 octobre 1837, à M. le ministre des travaux publics, de l'agriculture et du commerce, par les paroles suivantes :

§ 34.
Lettre de la chambre de commerce de Bordeaux.

« Nous venons de signaler à votre attention et à votre justice,
» M. le ministre, les principaux travaux dont la réunion rendrait
» à nos contrées leur ancienne prospérité. Si vous pouviez être
» surpris de nous voir demander *tant de choses à la fois*, notre ré-
» ponse serait toute simple : nous sommes obligés de tout de-
» mander, parce que tout est encore à faire dans nos contrées,
» parce que le sud-ouest n'a encore rien obtenu. Notre départe-
» ment demande ce que d'autres ont déjà, ce qu'il devrait posséder
» depuis long-temps, ce qu'on ne saurait lui refuser sans blesser
» toutes les lois de l'équité. La session qui va s'ouvrir *sera décisive*
» *pour nous :* elle nous donnera la mesure de la sollicitude que le
» gouvernement nous accorde ; puissions-nous n'avoir que des
» expressions de reconnaissance à lui adresser !

» Nous avons l'honneur d'être, etc. »

(*Suivent les signatures.*)

Par cette lettre, dont le style est sévère, menaçant peut-être, la chambre de commerce de Bordeaux demande une bagatelle de

2 à 300 millions, que doivent payer les contribuables pour soutenir ce qu'on appelle l'antique splendeur de cette ville et l'ancienne prospérité des contrées dont elle est environnée. Aussi le gouvernement s'est-il empressé, pour satisfaire aux vœux de cette métropole du sud-ouest, de proposer aux Chambres de tenter, aux frais de l'Etat, la construction du canal latéral à la Garonne.

Nous allons voir à présent de quelle utilité pourrait être ce canal, et quels sont les résultats qu'il est permis d'espérer de l'exécution de cette hasardeuse entreprise.

CHAPITRE V.

—

A QUOI PEUT SERVIR LE CANAL LATÉRAL A LA GARONNE.

1° Depuis l'existence légale du canal des Pyrénées, dont l'exécution, recommandée par la commission mixte des travaux publics, fut approuvée par les ministres de l'intérieur et de la guerre, et dont les études prouvent la possibilité d'établir réellement et sans conteste une communication rapide et assurée entre l'Océan et la Méditerranée pour des bâtimens à quille, du port de cent à cent vingt tonneaux, à *travers des departemens* qui n'ont pas encore de voies navigables (1), est-il bien nécessaire de dépenser, aux frais de l'Etat, quarante ou soixante millions pour ouvrir un canal entre Toulouse et Bordeaux ?

Voici quelle est, à cette question, la réponse de M. Thiers, ministre du commerce et des travaux publics.

« On ne doit songer en principe à créer des canaux artificiels
» que lorsque les canaux naturels n'existent pas ; mais quand un
» canal naturel existe, il n'y a plus utilité à créer à côté un canal
» artificiel (2).

§ 35.
Opinion de M. Thiers.

---

(1) Expression du discours de M. Legrand, directeur-général des ponts-et-chaussées. *Moniteur* du 16 juin 1837.

(2) Voir le *Moniteur* du 5 juin 1833.

2° Ce canal établira-t-il la jonction des deux mers ?

Depuis le temps qu'on s'en occupe, ce problème n'a pas encore été résolu.

3° Les études de cette communication existent-elles ? où sont-elles ? Des plans ! des projets ! il en existe sans doute : mais des études faites sur le terrain, il n'en existe pas. Il n'y a point de *sondes*, et, quoi qu'on en puisse dire, le travail de M. de Baudre n'est qu'un travail de cabinet exécuté à la hâte sur les ordres du directeur-général des ponts-et-chaussées.

4° Connaît-on un moyen assuré de détruire *les cinq passages aujourd'hui difficiles* qui arrêtent la navigation de la Garonne depuis Castets jusqu'à Langoiran ? Si ces moyens existent, pourquoi leur exécution paraît-elle si douteuse au ministre des travaux publics ? « On a, dit-il, entrepris des travaux qu'il faut exécuter » dans tous les cas, et dont il est convenable d'attendre les effets. iS » (ce que nous ne croyons pas) nos espérances étaient trompées, » il serait toujours temps de pousser le canal jusqu'à Langon (1). »

5° Et ce canal, si on le pousse jusqu'à Langon, s'arrêtera-t-il à Langon ? et ne faudra-t-il pas encore, par les mêmes raisons, le pousser ensuite jusqu'aux îles de Preignac, à la Guirande, aux Merles et à Pitres ?

6° A-t-on calculé à combien de millions s'élèveront les dépenses de ces dérivations latérales, si elles étaient possibles, au milieu des inondations qui s'élèvent à plus de 42 pieds au dessus de l'étiage de la Garonne ?

7°. Ce canal, s'il était établi, augmenterait-il de 30 millions le revenu foncier des quatre départemens qu'il doit traverser, comme le canal des Pyrénées (2).

(1) Exposé des motifs. *Moniteur* du 19 février 1838.

(2) La navigation de la Garonne ayant, de tout temps, assuré l'exportation du superflu des denrées qu'on recueille sur ses bords, a singulièrement contribué

8° Augmentera-t-il de *neuf millions* les revenus de l'état, comme le canal des Pyrénées?

9° Ce canal facilitera-t-il l'exploitation des mines abondantes et des riches carrières que recèlent les Pyrénées, et dont les produits peuvent s'élever à 25 millions par an?

10° Le canal latéral servira-t-il aux approvisionnemens de nos armées et de nos places fortes de la frontière, en cas de guerre avec l'Espagne, comme le canal des Pyrénées, dont « les officiers » généraux du génie provoquent de tous leurs vœux l'établisse-» ment (1)? »

11° Les propriétaires riverains de la Garonne désirent-ils l'exécution du canal latéral à ce fleuve? — Comment ont-ils exprimé leurs vœux?

12° Y a-t-il quelque sincérité dans le résumé de M. Cavenne, qui prétend, à la page 80 de son rapport, qu'il y a deux départemens qui *déclarent le projet très avantageux*, et cette assertion n'est-elle pas en contradiction manifeste avec ce qu'il dit lui-même aux pages 59, 60, 61, 64 et 65 de son rapport?

13° Pourquoi, en contravention au texte des ordonnances, ce *projet avantageux* n'a-t-il pas été soumis à l'examen de la commission mixte des travaux publics (2)?

à la prospérité de ces contrées. On en trouve la preuve dans la valeur des terrains d'alluvion, si précieux que leur prix ordinaire dans les transactions particulières, dit M. le comte du Hamel, s'élève à 4 ou 5 mille francs l'arpent, souvent davantage. L'existence du canal, repoussée d'ailleurs par tous les propriétaires riverains, ajouterait-elle quelques nouveaux bienfaits à ceux que la rivière leur prodigue?

(1) Expression de l'exposé des motifs du projet de loi présenté à la chambre des pairs. Séance du 21 janvier 1832.

(2) Ordonnance du 28 février 1831 sur les Enquêtes.

Art. 10. « Si la ligne des ouvrages doit traverser la zone de défense, l'avant pro-» jet soumis à l'enquête, ainsi que la partie du cahier des charges relative aux

14° Enfin, pourquoi, par une infraction à l'ordonnance du 17 décembre 1828, et à toutes celles qui autorisent des particuliers à faire procéder aux levées de plans, nivellemens, *sondes* et autres opérations nécessaires à la rédaction des projets de canaux, ces sondes n'ont-elles pas été présentées par M. de Baudre? Certes, si l'existence des sondes a jamais été nécessaire pour les études d'un projet, c'est pour celui du canal latéral à la Garonne, établi en corniche, comme on l'a déjà dit, sur les flancs des coteaux qui bordent la vallée, sur les deux bords de la rivière, et sur de forts remblais, en six endroits, dans le lit de la rivière elle-même, ou qui traverse la vallée sur des digues, submersibles de *deux mètres*, dans le 35° bief. Les terres des coteaux sont-elles de la même nature que celles de la plaine de Brax! Et à qui pourra-t-on faire accroire que « la vallée et les coteaux présentent des indices qui ne » doivent pas laisser d'inquiétudes, et qui sont plus certains que des » sondes toujours isolées », ainsi que le dit M. Cavenne? Le détail de ces indices remplacera-t-il la nécessité de produire des sondes? Tout le monde pourrait donc se dispenser de procéder à cette opération, quoiqu'elle soit rigoureusement exigée par les ordonnances qui autorisent les études des canaux de jonction de l'Yonne au canal de Briare, d'Orléans à Nantes et de plusieurs autres (1).

Tout ceci prouve, encore une fois, que le travail des études a été fait dans le cabinet et non sur le terrain. M. de Baudre, chargé d'améliorer la navigation de la Garonne, s'est servi, avec habileté sans doute, des matériaux qu'à l'aide des ingénieurs qui étaient sous ses ordres (2) il avait rassemblés depuis six ans, et c'est uni-

» travaux qui seraient situés dans ladite zone, sera également soumis, *avant toute* » *concession*, aux formalités prescrites par les ordonnances des 18 septembre » 1816 et 28 décembre 1828 pour les travaux mixtes. »

(1) Ordonnance du 20 mai et du 25 avril 1828. Voir l'*Annuaire des ponts-et-chaussées* de 1829, pages 200 et 201.

(2) *Annuaire des ponts-et-chaussées* pour les années 1826, 1827, 1828, 1829,

quement avec ces matériaux qu'il a rédigé, à la hâte, les études imparfaites qu'il a présentées, et que M. Cavenne a déclarées insuffisantes, comme on l'a déjà vu dans les conclusions de son rapport.

Quant au projet de ce canal, il y a plus de cent cinquante ans qu'on s'en occupe, par intervalles, et toujours sans succès. Mais pour les études, elles existent si peu qu'on ignore encore si le canal s'arrêtera à Castets ou si on le poussera jusqu'à Langon. Finira-t-il à Langon! Les auteurs du projet n'en savent rien. Personne n'en sait rien. D'ailleurs, ainsi que M. H. Fonfrède, et le très honorable pair de France M. Gautier, M. de Baudre a été longtemps d'une opinion contraire au canal latéral. Mais, dit-on, il a changé d'avis : c'est au moins ce qu'affirme M. Teste, rapporteur en 1837 de la commission chargée d'examiner le projet de loi présenté à cette époque sur le canal latéral. « Il est à remarquer, » dit-il, que l'ingénieur que l'on doit considérer comme l'auteur » du projet, et à la capacité duquel tout le monde s'empresse de » rendre hommage, éprouvait de fortes préventions contre ce » projet : il n'admettait pas l'*utilité* de ce canal, et ce n'est qu'à » force d'études sur les lieux, en interrogeant tous les documens » qui pouvaient l'éclairer, que M. Baudre a fini (permettez-moi » l'expression) par se *réconcilier avec l'utilité* de ce canal, dont il » est devenu le plus ardent protecteur (1). » Ce qui ne prouve autre chose, si ce n'est que, puisque M. de Baudre a changé d'avis une fois, il en changera probablement encore lorsqu'il reverra les études qu'il a présentées.

1830 et 1831. « Haute-Garonne, Tarn-et-Garonne, Lot-et-Garonne, Gironde.
» Projet d'amélioration de la navigation de la Garonne, depuis Toulouse jusqu'à
» Bordeaux. De Baudre, 1 cl. directeur à Agen.
  » Les ingénieurs en chef de ces départemens sont chargés de ce service sous la
» direction de M. de Baudre, et ils sont secondés par les ingénieurs ordinaires. »
  (1) Voir le *Moniteur* du 16 juin 1837.

§ 37.

Pénurie d'eau. Aura-t-on de l'eau ?

Et de l'eau ! aura-t-on de l'eau pour alimenter, pour remplir le canal ? Voici la réponse à cette question, page 26 du rapport officiel.

« On n'a point fait de recherches pour savoir si on ne pouvait
» pas suppléer *à cette pénurie d'eau* dans le parcours du canal, par
» des réservoirs placés dans les gorges des affluens, *et on n'est pas*
» *certain* que des études plus sérieuses à cet égard soient suivies
» de résultats satisfaisans. . . . . »

Quoi ! douze ans de travail d'un habile ingénieur, assisté du concours de quinze ingénieurs et de douze conducteurs établis sur la ligne, et travaillant sous les ordres de M. de Baudre, laissent des incertitudes sur les moyens d'alimenter le canal latéral à la Garonne !... Cet article est très curieux et mérite d'être lu avec attention. Il est du reste si embrouillé, si rempli de contradictions, que, dans ses conclusions, M. le rapporteur, n'osant plus traiter cette question, l'a rejetée, pour en finir, dans une note qu'on trouve à la fin de la page 37 et que voici :

« *Les concessionnaires devront également représenter les disposi-*
» *tions de détail de la prise d'eau.* »

§ 38.

Obscurités, transpositions, incertitudes remarquables dans le rapport de M. Cavenne.

Quoique M. Cavenne soit un savant et un homme de beaucoup d'esprit, il est difficile de concilier toutes les contradictions qu'on remarque dans son rapport. Elles sont parées d'une grande richesse d'expressions techniques, mêlées d'interruptions qui rompent avec adresse le fil des idées, et ces transpositions ne permettent pas toujours de distinguer l'erreur de la vérité. Si l'on en veut un exemple, on n'a qu'à lire le paragraphe qui commence à la page 21, sur la cote d'étiage devant Castets, *où les inondations*, dit-il, *s'élèvent au delà de 9 m. 49 c.* Il s'interrompt tout à coup sans motif, et ce n'est qu'à la page 43 où il parle de « *la rentrée en rivière, en amont de Castets* » et où il résout la question en disant que « les quatre écluses qui forment cette rentrée *doivent* » *donner lieu à de nouvelles études accompagnées de plans de détails.* »

On a dû remarquer que cette rentrée en rivière à Castets, où devrait finir le canal latéral, fixe particulièrement l'attention de M. le rapporteur et que, dans ses conclusions, il impose *deux fois* aux concessionnaires, entre autres obligations, celle d'*étudier de nouveau la rentrée en rivière à Castets*.

Il paraît, du reste, que ces études seront désormais inutiles, car le rejet de la loi proposée pour relever de la 4° déchéance les concessionnaires du canal latéral, et l'aveu « *d'une im-* » *puissance qui ne pouvait être vaincue que par l'intervention du* » *gouvernement* », ont mis en évidence les fallacieuses promesses, les faux calculs et les déclarations équivoques des ingénieurs, des orateurs et de quelques maisons de Bordeaux qui avaient si pompeusement annoncé, avec des moyens d'exécution, l'importance et le succès d'une entreprise dont les études et les enquêtes ont constaté les énormes dépenses, l'inutilité et l'impopularité.

CHAPITRE VI.

—

AVANTAGES QUE PRODUIRA L'AMÉLIORATION DU LIT DE LA GARONNE.

§ 39.
Navigation par la vapeur
sur la Garonne.

« Il faut remarquer, dit M. Thiers, ministre des travaux pu-
» blics, que la navigation à la vapeur, qui se répand déjà sur tous
» les fleuves de France, sera très possible et pourra devenir très
» ordinaire avec le perfectionnement de la rivière : consacrez
» quelques millions, ajoute-t-il, à l'amélioration du lit de la Gi-
» ronde, et outre un grand bien que vous ferez à l'agriculture,
» vous rendrez possible et sans solution de continuité la navi-
» gation à vapeur depuis Bordeaux jusqu'a Toulouse (1). »

Il paraît que cette prévision, ces espérances du ministre des
travaux publics, graces aux mesures qu'il a prises et aux plans
qu'il a adoptés, seront bientôt réalisées ; car « on écrit de Bordeaux
» que les nombreux travaux d'art exécutés dans le lit de la Ga-
» ronne, depuis Agen jusqu'à Bordeaux, commencent à produire
» les meilleurs résultats. Il y a dix ans, c'est à peine si les ba-
» teaux à vapeur pouvaient remonter jusqu'à Marmande : aujour-
» d'hui, et depuis le commencement de la saison, ils arrivent fa-
» cilement jusqu'à la hauteur d'Agen. Il y a huit jours , *arrivant*

(1) *Moniteur* du 5 juin 1833.

» *les dernières pluies*, la rivière présentait, surtout d'Agen à Bor-
» deaux, une profondeur d'eau d'au moins 1 mètre 30 centimè-
» tres. Les bateaux ne calent qu'environ 75 centimètres : ils pour-
» raient au moins arriver devant Moissac (1). »

Mais ce n'est pas seulement à la navigation à vapeur que les
travaux exécutés sur la Garonne seront profitables ; une invention
nouvelle celle des hydrocélères, vient d'être signalées par M. Du-
cos, député de la Gironde, à la bienveillante attention du ministre
du commerce, et cette invention ne laisse aucun doute sur les
avantages qu'en retirera la navigation fluviale.

§ 40.
Des hydrocélères.

Plusieurs expériences ont été faites à Bordeaux. Il en est une
entre autres dont on trouve les détails dans le supplément du *Constitutionnel* du 22 février 1837 et qui se termine comme il suit.

« Cette simple expérience démontre jusqu'à l'évidence que les
» bateaux qui mettaient 20 à 22 jours pour aller de Bordeaux à
» Toulouse, avec les inconvéniens de halage, pourront y arriver
» en quatre. A cette économie de temps, combien d'autres vien-
» nent se rattacher !

» Deux cents millions, continue le narrateur de cette expé-
» rience, étaient demandés pour ouvrir un canal latéral à la Ga-
» ronne et à ravager cette fertile plaine ; l'hydrocélère rempla-
» cera, sans coûter un centime au trésor ; ces plans dispendieux
» et peut-être impraticables. »

Mais ce tardif intérêt que quelques maisons de commerce de
Bordeaux ont accordé au canal latéral à la Garonne était-il bien
sincère? Il est permis d'en douter ; car il ne s'est manifesté que
vers la fin de 1834 et deux ans après que le premier concessionnaire eut encouru la déchéance. Il s'est manifesté, chose étrange,
à l'époque même ou le conseil-général du département de la Gironde, persistant dans ses opinions, venait d'émettre à *l'unani-*

(1) *La Presse* du 19 juillet 1837.

mité le vœu que « *le gouvernement repoussât le projet du canal
» latéral.* » Ce n'est donc qu'un motif d'intérêt privé qui a pu dé-
terminer les puissantes maisons du commerce de Bordeaux à faire
des offres si séduisantes et si stériles en même temps, pour fournir
avec une garantie de 4 p. 0/0 d'intérêt par an, payés par l'état,
une première somme de 48 millions pour l'exécution d'une entreprise qui ne présente, en définitive, que des difficultés insurmontables, et dont l'inutilité a été justement, solennellement appréciée
et démontrée à la tribune de la chambre élective par le puissant
orateur que ses talens avaient placé à la tête de l'administration
qui avait le département des travaux publics.

§ 41.
Inutilité, inconvéniens
d'une ligne navigable artificielle à côté d'une ligne
navigable naturelle.

« On ne doit songer en principe à creuser des canaux artificiels,
» dit M. Thiers, que lorsque les canaux naturels n'existent pas ;
» mais quand un canal naturel existe, il n'y a plus utilité à créer
» à côté un canal artificiel.

» Si vous creusez un canal latéral, sur le champ vous allez cau-
» ser un grand dommage à celle des deux rives sur laquelle le
» canal ne passera pas. On donne tout l'avantage à l'une des deux
» rives et on sacrifie l'autre : tout en faisant du bien au pays,
» vous faites un mal immense à l'une des deux rives.

» De plus, vous ne pouvez pas créer un canal latéral sans obli-
» ger tout le monde à un péage considérable, tandis que, sur la
» rivière, il n'y a que les droits ordinaires de navigation qui sont
» peu élevés.

» Tous les bienfaits que le perfectionnement de la rivière peut
» apporter sont perdus ; vous livrez la rivière à elle-même, vous
» livrez au désastre une multitude de propriétés que vous auriez
» améliorées par le perfectionnement de la rivière.

» Il y a donc avantage dans le perfectionnement de la rivière :
» avantage, parce qu'il y a moins de frais et que vous évitez les
» péages ; avantage, parce que le perfectionnement de la rivière
» s'ouvre et améliore les propriétés particulières, :ar il y a beau-

» coup de terres qu'on livre à l'agriculture, lorsqu'on les a dessé-
» chées; avantage enfin, et cette raison est très grave, en ce que
» vous pourrez avec peu de millions, avec trois millions seulement,
» arriver à opérer sur la Garonne des améliorations notables (1). »

Après ce discours, et malgré les observations de M. Charles
Bérigny, inspecteur-général des ponts-et chaussées, et rapporteur
de la commission qui avait proposé l'exécution du canal latéral à
la Garonne, avec une allocation de six millions pour le canal et
de 1,500 mille francs pour essayer d'améliorer la navigtion de la
rivière de Castets à Bordeaux, le projet du canal et les allocations
demandées furent rejetées par la chambre.

Lorsqu'en 1835, sur la demande de la commission chargée de
faire son rapport du projet de loi sur les rivières, la question se
représenta devant la chambre des députés, M. Thiers, ministre
de l'intérieur, prit encore la parole et dit :

« Il y a une distinction importante à établir entre le canal latéral
» et l'amélioration de la Garonne. Quant au canal latéral, il est
» vrai qu'il divise les intérêts; c'est que la ville de Toulouse per-
» drait beaucoup à ce canal. Je ne fais pas un reproche à la ville
» de Toulouse d'être opposée au canal latéral; c'est son droit.
» Pour mon compte, j'ai toujours refusé d'opiner pour le canal
» latéral, par ce motif qu'il divisait les intérêts. Mais quant à la
» navigation de la Garonne, à l'amélioration de son lit, c'est l'in-
» térêt du midi tout entier; il ne rencontre aucune opposition. Ici
» on ne peut pas opposer l'enquête.

» Ainsi, messieurs, je vous prie de bien distinguer ces deux
» intérêts. En votant le canal latéral, vous votez une question
» très contestable; mais en votant l'amélioration du lit de la ri-
» vière, vous voterez une question qui est dans l'intérêt de tout le
» monde (2). »

(1) *Moniteur* du 5 juin 1833.
(2) *Moniteur* du 5 mai 1835

Enfin, et pour la quatrième fois, la chambre des députés persistant dans les votes déjà émis contre le canal latéral, et malgré le puissant appui prêté au projet de loi présenté par le gouvernement en faveur de cette entreprise par l'éloquent discours de M. Legrand, commissaire du roi et directeur-général des ponts-et-chaussées, il fut rejeté à une immense majorité dans la séance du 15 juin 1837.

CHAPITRE VII.

—

C'est le 15 juin 1837 que le conseil général des ponts et chaussées a déclaré , sous le rapport de l'art , que l'exécution du canal des Pyrénées était possible.

C'est le 28 janvier 1834 que ce même conseil a adopté les conclusions *négatives* du rapporteur sur le projet du canal latéral à la Garonne.

Quatre ans se sont écoulés entre ces deux *avis* qui ont été, pour l'un et pour l'autre de ces deux canaux, la cause principale de la présentation des deux projets de loi qui , en 1832 , et à deux mois d'intervalle , ont autorisé la concession qui en a été faite à M. Galabert *premièrement*, et ensuite à M. Doin.

Pour quels motifs a-t-on retardé si long-temps la présentation de la loi sur le canal des Pyrénées? et quelles peuvent être les raisons qui justifient la précipitation avec laquelle on a présenté celle du canal latéral à la Garonne? Pourquoi a-t-on donné en 1836 et en 1837 une préférence à celui-ci sur le canal des Pyrénées en faveur duquel tant de pétitions, tant de réclamations se sont élevées

8

et s'élèvent encore (1)? On le saura peut-être un jour, car ce n'est pas sérieusement que M. Legrand a pu dire à la tribune :

« Le gouvernement, en proposant l'établissement du canal la-
» téral à la Garonne, ne refuse pas son intérêt au canal des Py-
» rénées! Ces deux canaux, ajoute-t-il, ont des avantages spé-
» ciaux. Il lui a paru cependant que le canal latéral résolvait
» mieux que le canal des Pyrénées le problème de la jonction des
» deux mers. Pour le démontrer il suffira de dire qu'entre Tou-
» louse et Bordeaux il n'y a que 286,000 mètres de longueur; que
» le canal suit la pente de la vallée, et que la chute totale qu'il ra-
» chète n'est que de 130 mètres environ, tandis que le canal des
» Pyrénées a une longueur de 370,000 mètres (2) et s'élève sur
» l'un des contreforts des Pyrénées pour redescendre ensuite vers
» l'Adour, en franchissant un grand nombre d'écluses (3). »

On fera observer d'abord que le canal latéral s'arrêtant à Castets, *il ne résout pas le problème de la jonction des deux mers;* premier point, et il est incontestable si l'on consulte le projet qui a
été présenté, car, on ne saurait trop le répéter, il existe, à partir de
Castets, *cinq passages aujourd'hui difficiles,* qu'aucun moyen connu
ne peut détruire. Mais, en admettant que, soit par des travaux en
lit de rivière, soit par des canaux de dérivation à chaque *passage
difficile,* la navigation puisse s'établir, sans obstacle, jusqu'à Bordeaux, il y a encore de Bordeaux à la mer une distance de 104
kilomètres, et cette navigation n'est pas sans difficultés, car :

« Il faut être fou et vouloir perdre son temps, et souvent son ar-
» gent, pour envoyer ses marchandises à Bordeaux, par Bor-

(1) Depuis le 19 avril jusqu'au 8 mai de cette année une foule de pétitions couvertes de milliers de signatures ont été remises sur le bureau du président de la
chambre des députés, pour demander l'exécution du canal des Pyrénées.

(2) Cette longueur n'est que de 34,000 mètres.

(3) Voir le discours de M. Legrand, dans le *Moniteur* du 16 juin 1837.

» deaux , ou s'y embarquer soi-même, lorsqu'on peut le faire par
» un autre port de l'Océan. En raison des passes difficiles et des
» difficultés de douanes, un navire met rarement moins de trois ou
» quatre jours de Bordeaux à la mer, et, parti par un temps favo-
» rable, si le mauvais temps survient pendant la descente, un sé-
» jour forcé de cinquante à quatre-vingts jours au bas de la Gi-
» ronde, où le malheureux passager se trouve isolé de tout, au
» milieu d'affreux brisans, etc. »

L'auteur de cet article, qu'on trouve dans le *Moniteur industriel*
du 3 janvier 1837, propose ensuite, pour remédier à ces inconvéniens, le service des bateaux à vapeur pour remorquer les bâtimens. Voilà pour la sortie : mais leur entrée en rivière n'offre pas
moins d'obstacles. Le célèbre Lalande les a signalés dans son
ouvrage classique sur la navigation intérieure.

« Les difficultés de trouver la rivière, dit-il page 412, même
» d'y entrer et d'en sortir, ou de trouver des rades dans les envi-
» rons, l'impossibilité de tenir la mer sans courir les plus grands
» dangers, soit coté en travers, soit en louvoyant, en éloignent
» un grand nombre de navigateurs, et en font périr plusieurs de
» ceux qui croient pouvoir les vaincre.

» A la hauteur de la tour de Cordouan est le point de réunion
» de tous les navires qui sortent de la rivière ou qui cherchent à y
» entrer. Il n'est pas rare de voir dans cette partie trois ou quatre
» cents voiles à la fois : s'il arrive que les vents changent tout à
» coup, et qu'ils se rangent au sud, sud-est, nord-ouest, jusqu'au
» nord vent forcé , il ne leur reste aucun espoir d'ancrage, ils ne
» peuvent tenir la mer. Le vent et les courans les jettent sur les
» ecueils trop nombreux de la côte d'Arcasson ; tantôt ils périssent
» corps et biens, comme en 1777, tantôt ils sont portés sur la côte
» jusqu'à une demi-lieue dans les sables, etc.... »

La chambre de commerce de Toulouse confirme ce que dit

Lalande. On trouve, page 9 de ses observations sur le canal latéral de Toulouse à Castets, le passage suivant :

L'auteur du mémoire sur ce canal « paraît ignorer, dit-elle,
» que l'entrée de la Gironde est souvent difficile, même impos-
» sible par l'absence des vents du nord qui peuvent seuls la favo-
» riser. Ce fait est si constant, que les négocians obligent les
» patrons à garder les marchandises pendant quinze jours à Bor-
» deaux, en attendant qu'il arrive des bâtimens... »

Quant au canal des Pyrénées, il touche presque à la mer, et
une marée suffit pour conduire les bâtimens jusqu'à l'embouchure
de l'Adour et les mettre dehors avec un *steamer* remorqueur, ainsi
que l'a éprouvé la gabarre *le Chandernagor* du port de 550 tonneaux, remorquée par *le Météore*.

« Avant hier, dit *la Sentinelle des Pyrénées* du 7 novembre
» 1835, par une mer très forte et un vent de bout, *le Chander-
» nagor*, remorqué par *le Météore*, a franchi la passe, et s'est dirigé
» paisiblement vers Rochefort. »

§ 45.
La voie du canal des
Pyrénées est plus courte
pour se rendre à la mer
que celle du canal latéral.

Quoique le canal des Pyrénées soit un canal à point de partage,
*qu'il s'élève sur l'un des contreforts des Pyrénées pour redescendre
ensuite vers l'Adour, en franchissant un grand nombre d'écluses*, il
est clairement démontré que les bâtimens qui prendront cette voie
arriveront de Toulouse à l'embouchure de l'Adour dix-sept heures
vingt-cinq minutes plus tôt que ceux qui feraient le même trajet
pour se rendre de Toulouse à l'embouchure de la Gironde par le
canal latéral. C'est ce que va démontrer le tableau suivant :

COMPARAISON

DU TEMPS NÉCESSAIRE A UN BATIMENT POUR ALLER DE TOULOUSE A LA MER

en passant :

| PAR LE CANAL LATÉRAL A LA GARONNE , | OU | PAR LE CANAL DES PYRÉNÉES. |

La distance de Toulouse à Castets étant de 190,000 mètres par le canal, elle sera parcourue, à raison de 6,000 mètres par heure, en . . . 31 h. 40 m.

Le passage de 50 écluses à raison de cinq minutes par écluse exigera. 4 10

8,000 mètres de Castets à Langon. 4 15

152,000 mètr. de Langon à l'embouchure de la Gironde. En supposant que cette navigation, en lit de rivière, se fasse, soit à la descente, soit à la remonte, avec une vitesse de 4,000 mètres à l'heure, il faudra employer six marées pour le trajet, ce qui fait 72

La distance de Toulouse au Bec-du-Gave étant de 340,000 mètres par le canal, elle sera parcourue, à raison de 6,000 mètr. par heure, en 56 h. 40 m.

Le passage de 274 écluses, à raison de cinq minutes par écluse, exigera. 22 50

Les 31,000 mèt. depuis le Bec-du-Gave jusqu'à l'embouchure de l'Adour prendront le temps d'une marée, c'est à dire 12

Total. . 109 h. 5 m.   Total.   91 h. 30 m.

Différence en faveur du canal des Pyrénées. 17 h. 25 m.

Ceci prouve qu'on ne peut justifier aucun des avantages *spéciaux* attribués au canal latéral à la Garonne, que le canal des Pyrénées ne puisse revendiquer, et que celui-ci conserve incontestablement les *avantages spéciaux* qui lui sont propres et que le canal latéral ne partagera jamais avec lui. C'est M. Legrand, commissaire du roi et directeur général des ponts et chaussées; c'est le gouvernement qui s'exprime par son organe, et qui dit à la chambre des députés, qui dit à la France :

« Le canal des Pyrénées offre des avantages *qui lui appartiennent*.
» Il établit une ligne défensive justement appréciée par les hommes
» de guerre : il traverse des départemens *qui n'ont pas encore de*
» *voie navigable*, et une fois ouvert, il s'emparera nécessairement
» *de tous les transports du pays*, puisqu'il ne sera en concurrence
» qu'avec les voies de terre. Il sera, pour ces départemens, ce qu'a
» été le canal du midi pour les territoires sur lesquels il se déve-
» loppe; il les fécondera, il les enrichira et versera dans la circu-
» lation les nombreux produits que la nature a recélés dans leur
» sein (1). »

M. le directeur général des ponts et chaussées a résumé en peu de mots tous les avantages que présente le canal des Pyrénées, et le concessionnaire de cette entreprise, dans tous ses écrits, n'a jamais dit autre chose : il a plus fait, il l'a prouvé. Ses convictions ont passé dans tous les esprits, et les centaines de pétitions adressées à la chambre des députés en faveur du canal des Pyrénées, et la formation d'une association puissante qui offre tous les capitaux nécessaires pour son exécution, ont déterminé un grand nombre d'honorables membres de la chambre élective à écrire la lettre suivante :

A Monsieur le Ministre des travaux publics et du commerce.

« Monsieur le Ministre,

» Nous venons d'apprendre que M. Galabert a conclu un traité
» avec une compagnie, non seulement solvable, mais puissante,

(1) *Moniteur du* 16 juin 1837.

» représentée par MM. Fermin de Tastet et compagnie, et Charles
» Morel, ancien directeur de la Société générale de Bruxelles, qui
» offrent, avec le dépôt d'un cautionnement, de se charger de
» l'exécution du canal des Pyrénées.

» Vous savez combien les départemens du midi attachent
» d'importance à la réalisation de cette grande entreprise.

» Nous vous prions de vouloir bien accorder toute votre atten-
» tion aux propositions de MM. de Tastet et Morel, et nous vous
» exprimons le désir de voir présenter, dans la session actuelle,
» un projet de loi qui règle et autorise l'exécution de ce canal. »

Nous avons l'honneur d'être avec une considération respec-
tueuse,

Monsieur le Ministre,

Vos très humbles et très
obéissans serviteurs,

Signés, AMILHAU, ARAGO, ARDAILLON, AUGUIS, AUMONT
THIEVILLE, général BACHELU, BARADA, BARIL-
LON, BÉRARD, BERGER, BLAQUE BELAIR, BOIROT,
BONNEFONDS, général BONNEMAINS, BOYER
PEYRELEAU, CASE, CHAREYRON, baron CHAS-
SIRON, CHEGARAY, CIBIEL, maréchal CLAUSEL,
CORNE, comte CORNUDET, COTELLE, général
DEMARÇAY, DEMONTS, DINTRANS, DRAULT,
DUGABÉ, DURAND ROMORANTIN, général DUR-
RIEU, DUSSAULT, comte D'ETCHEGOYEN, duc
de FITZ-JAMES, FOULD, GARNON, GAUTHIER
D'HAUTESERVE, GIROT DE L'ANGLADE, GRA-
NIER, HAVIN, D'HÉREMBAUT, comte JAUBERT,
JOLLIVET, FED. LACAZE, J. LAFFITTE, géné-

ral LAMY, LARABIT, LEJEUNE-BELLECOUR, colonel LESPINASSE, LEYRAUT, LIADIÈRES, DE LORGUE D'IDEVILLE, marquis DE LUSIGNAN, nom illisible, MALLET, MANGIN D'OINS, MARCOMBES, MERLIN, MICHEL, NICOT, NOGARET, OGER, PAGÈS de l'Ariège, PÉRIGNON, PIERON, le marquis DE PORTES, le baron DE RONCHIN, DE REMUSAT, Eusèbe SALVERTE, général SUBERVIC, général THIARD, TROY.

Paris, 30 avril 1838.

FIN DES NOTES A CONSULTER.

IMPR. ET FONDERIE DE FÉLIX LOCQUIN, ET COMP., RUE NOTRE-DAME DES VICTOIRES, 16.

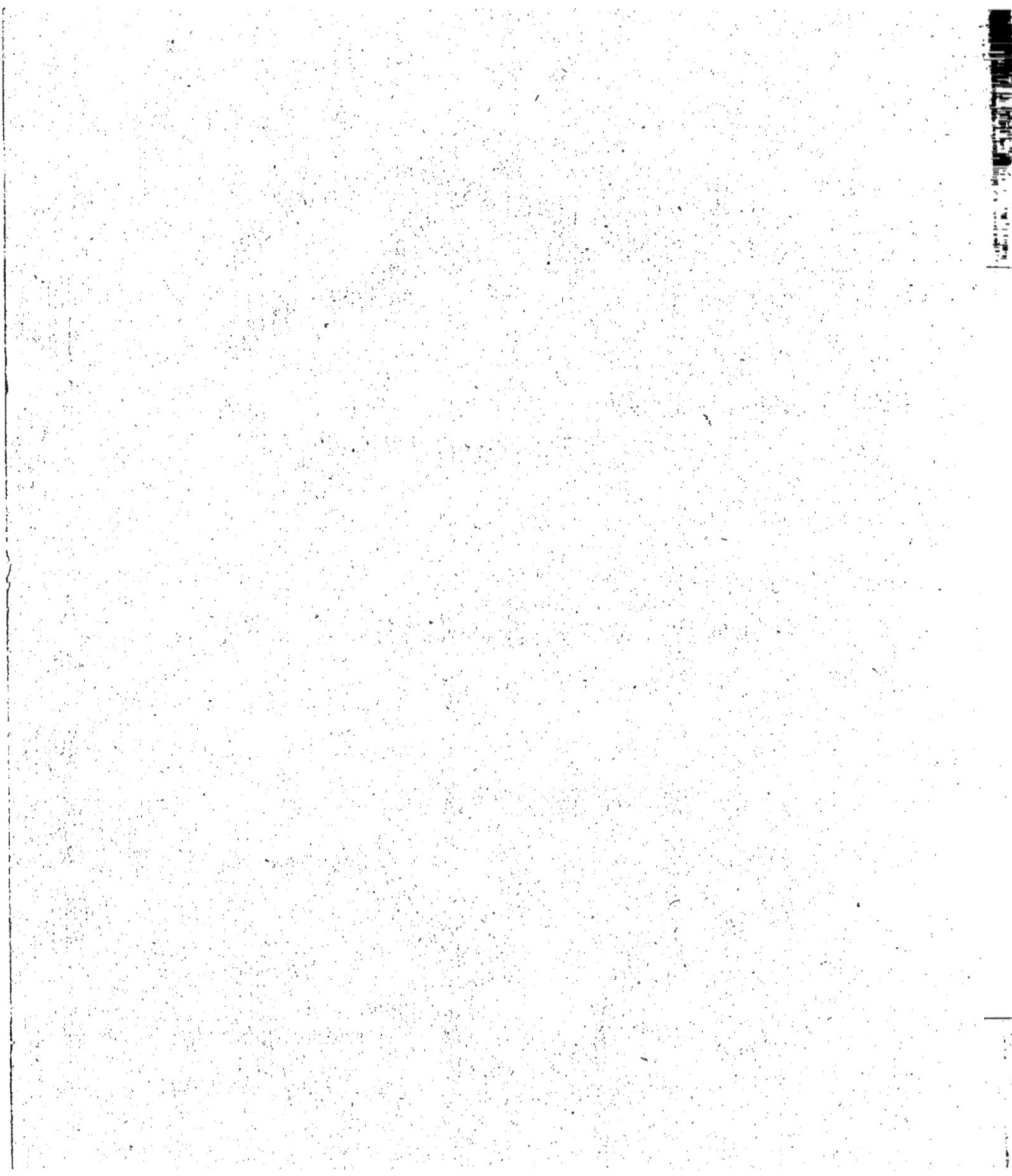

www.ingramcontent.com/pod-product-compliance
Lightning Source LLC
Chambersburg PA
CBHW060648210326
41520CB00010B/1788